给少男少女

李霁野 著

北京出版集团公司
北京出版社

图书在版编目（CIP）数据

给少男少女 / 李霁野著. — 北京 : 北京出版社,
2015.9
（大家小书）
ISBN 978-7-200-11533-8

Ⅰ. ①给… Ⅱ. ①李… Ⅲ. ①人生哲学—青少年读物
Ⅳ. ①B821-49

中国版本图书馆CIP数据核字（2015）第202530号

总 策 划：安 东 高立志
责任编辑：张 娟
责任印制：宋 超
装帧设计：北京纸墨春秋艺术设计工作室

·大家小书·
给少男少女
GEI SHAONAN SHAONÜ
李霁野 著
*
北京出版集团公司
北 京 出 版 社 出版
（北京北三环中路6号）
邮政编码：100120

网 址：www.bph.com.cn
北京出版集团公司总发行
新 华 书 店 经 销
三河市同力彩印有限公司印刷
*
880毫米×1230毫米 32开本 5印张 100千字
2015年9月第1版 2023年2月第2次印刷

ISBN 978-7-200-11533-8

定价：30.00元
质量监督电话：010-58572393

序　言

袁行霈

“大家小书”，是一个很俏皮的名称。此所谓“大家”，包括两方面的含义：一、书的作者是大家；二、书是写给大家看的，是大家的读物。所谓“小书”者，只是就其篇幅而言，篇幅显得小一些罢了。若论学术性则不但不轻，有些倒是相当重。其实，篇幅大小也是相对的，一部书十万字，在今天的印刷条件下，似乎算小书，若在老子、孔子的时代，又何尝就小呢？

编辑这套丛书，有一个用意就是节省读者的时间，让读者在较短的时间内获得较多的知识。在信息爆炸的时代，人们要学的东西太多了。补习，遂成为经常的需要。如果不善于补习，东抓一把，西抓一把，今天补这，明天补那，效果未必很好。如果把读书当成吃补药，还会失去读书时应有的那份从容和快乐。这套丛书每本的篇幅都小，读者即使细细地阅读慢慢地体味，也花不了多少时间，可以充分享受读书的乐趣。如果把它们当成补药来吃也行，剂量小，吃起来方便，消化起来也容易。

我们还有一个用意，就是想做一点文化积累的工作。把那些经过时间考验的、读者认同的著作，搜集到一起印刷出版，使之不至于泯没。有些书曾经畅销一时，但现在已经不容易得到；有些书当时或许没有引起很多人注意，但时间证明它们价值不菲。这两类书都需要挖掘出来，让它们重现光芒。科技类的图书偏重实用，一过时就不会有太多读者了，除了研究科技史的人还要用到之外。人文科学则不然，有许多书是常读常新的。然而，这套丛书也不都是旧书的重版，我们也想请一些著名的学者新写一些学术性和普及性兼备的小书，以满足读者日益增长的需求。

“大家小书”的开本不大，读者可以揣进衣兜里，随时随地掏出来读上几页。在路边等人的时候，在排队买戏票的时候，在车上、在公园里，都可以读。这样的读者多了，会为社会增添一些文化的色彩和学习的气氛，岂不是一件好事吗？

“大家小书”出版在即，出版社同志命我撰序说明原委。既然这套丛书标示书之小，序言当然也应以短小为宜。该说的都说了，就此搁笔吧。

重温李霁野的《给少男少女》

林 谷

时间过得好快，转眼间李霁野先生逝世已整整十年了。先生是1997年5月4日凌晨1时45分与世长辞的。十年来，我始终未能忘怀与先生相聚的日子，一想起他那慈祥可亲的面容，和他那声调温和并略带安徽口音的话语，我的心就感到暖暖的，总觉得先生并没有离我们远去，他仍然活在众多爱他敬他的亲友、弟子间。我是个嗜书如命并偏爱先生文字的人，因此常常拿出来翻翻、温读的，就是他那些直接得过鲁迅指点的种种译作和文章，其中，我最喜爱的就是先生译的那本英国散文经典《四季随笔》，和那本风格独特的《给少男少女》了。

《给少男少女》中所收文章是1944年李霁野先生到四川白沙女子师范学院任教前后为同学做的六次演讲。后来在友人章靳以的关心下，终于在解放前夕1949年1月由上海文化生活出版社结集出版了。当时只印了一千多册。1983年由重庆出版社修订再版。新版一次印行十万零四千九百册，印量之大，在当前文化出版物中是不多见的。

现代一些著名作家、学者如鲁迅、胡适等都做过不少讲演（胡适的讲演尤其多得惊人），但他们生前都未曾专门出过讲演集，以讲演出专集的，李霁野当属绝无仅有的一位。

李霁野并不是演讲专家，但他似乎对这门艺术十分熟悉。他的讲演很抓人，充满幽默感的开场白一下子把你吸引住。比如“桃花源与牛角湾”（讲读书方法）的开头是这样讲的：“在诸位快要考试的时候，自治会的同学找我来说几句话，我想到一个诸位一定很爱听的题目：‘我不赞成考试’。不过，我要是真就这个题目说话，学校当局恐怕今晚就要通知，已经为我买妥了船票。”同学们听了定会在下面会心一笑。

李霁野的六篇讲演是在怎样的历史背景下做出的呢？他在《给少男少女》1983年新版序中有过简略的交代。那时候是大动荡的时代，正在苦苦坚持的抗日战争关系到民族存亡。国共两党虽然已在国民政府统一领导下联合抗战，但两党之间的对抗与斗争还是很激烈的。因此，大家对一些政治问题都保持沉默，顶多在极熟的朋友间发发牢骚而已。所以，这六篇讲演，除最后一篇“措词有意含含糊糊”外，“似乎都很脱离现实”。但是，李霁野和他的学生们并没有真正生活在“世外桃源”里。危机四伏的祖国命运使青年学子思想上都更快地成熟起来，于是，人生究竟有什么意义和价值，为什么读书和怎样读书，与青年有切身关系的爱情问题，以及中国社会的种种阴暗现象，等等，就成了李霁野这六篇讲演的话题。

第一讲“读书与生活”，李霁野针对现行教育制度的弊端（这种弊端似乎至今也未尽除），反对一味拿死知识向学生填塞，然后用考试来测量结果。这样一来，学生完全变成了被动，连读书的兴趣也丧失了，又如何谈育人和成才。为了证实读书可以改变人的生活方式和态度，他还举了一个自身的例子。他说，多年前读到一篇谈散步的文章，作者特莱夫严说他有两位大夫，一位是他的右腿，一位是他的左腿，在身心失调的时候，他总请它们医治，而且一治必好。那时李霁野还是个穷学生，身体也很弱，有人就担心他活不了多久，李霁野决心也请这两位大夫（他自己的两条腿）来给他治病，坚持走路锻炼。先生说，散步使自己健康起来只是个“小益处”，散步给了他更多的精神上的快乐，“我觉得我整个的人生观，都差不多因为它们（指两条腿）改变了。”1991 年先生写过一篇谈养生的文章《我怎样同时光老人打交道》，又一次谈起特莱夫严这篇文章对他的影响，他说从那时起就养成了散步的习惯，一直坚持了近六十年，可见先生的长寿确非凭空而得。

多次读李霁野这些讲演，我总要为先生的渊博知识、丰富的人生体验，以及健康、合理的见解而赞叹不已，真不知他那些活泼流畅的思路，引用的那么多中外诗文是怎样源源不断从他脑子里涌发出来的（他讲演时并没有现成的讲稿，只是事先略想一想，草草写个大纲就上台开讲的）。

《给少男少女》1949 年初版至今已有五十八年，从 1983 年新版到现在也有二十四年了。先生在 1991 年 2 月 27 日信中告诉我，有一位青年写信给先生，说他读了《给少男少女》后抛弃了因失恋欲自杀的念头，要努力好好生活，这使先生很感欣慰，可见，这些做于 20 世纪 40 年代的讲演仍有它的读者。现在的出版家们是否也会为了当今的青年一代重新再版这本不同一般的小书呢，别看它只是薄薄的一小本，它还是有点分量的。

（原载《文汇读书周报》2007－11－11）

目　录

附录

题　　诗

（一）

祝愿少男少女心，
洁如皎月美如琼；
人人四化显身手，
探索人生高远深。

（二）

人生不畏浪滔滔，
壮志雄心逐浪高。
处境安乐防腐蚀，
身临虎穴见情操。

1983年10月25日

再版序

抗日战争爆发时，我适逢在天津，因为已经开始翻译《战争与和平》，便决定暂时不走，继续译书。我想，这部书写的是拿破仑进攻俄国，遭到坚决抵抗，终于失败溃退的事，对于我国抗战还有点鼓舞作用，作品又很有艺术价值，放弃了不免可惜。

1938 年秋，美德天主教会在北平合办的辅仁大学增设女生部，还未受日本帝国主义干扰，我便应约去教书，同时还可以译书。1942 年 12 月，辅仁大学有几个教授被捕，除夕我的一位朋友也失踪了，我自己又受过几次警告，便于 1 月 5 日出走，第二天便逃出了敌占区。在安徽界首镇听说故乡再度沦陷，便经洛阳到重庆。我当时写了一首绝句，可以作这一段时间生活的概括：

既伤国破群奸误，
复叹家亡音信无。
入蜀道难惊绝巇，
妖氛窒息放狂呼。

1944年3月，我到了四川白沙女子师范学院任教。这个地方风景很好，十分幽静，在战争的年月，可以算是一个“世外桃源”了。旧友新交，相处得也极为融洽，友谊给我很大的安慰，生活是愉快的。遗憾的是妻稚远离，深以为苦。但在几个月的变乱之后，我恢复了以前那样的教书兼译作的生活。

师友间的关系很亲切，谈话无什么拘束，什么问题都随便谈，只是避免时局和政治。在到女师院教课之前，我为看朋友到白沙，作过一次讲演。来教课后，人熟些了，那时毫无文娱或学术活动，学生们就偶然找我去为她们作一次讲演。我只略想一想，草草写个大纲，像平时同她们谈话一样随便讲个一点来钟。

那时候当然是个大动荡的时代，同日本战争关系到民族存亡，在国共统一抗战的大同中，我们知道其间不仅有小异，还有激烈的对抗和斗争。对于这些大问题，我们绝不是漠不关心，但总保持沉默，只在极相熟的朋友中，偶然发些无用的牢骚罢了。所以这六篇讲演，除了措词有意含含糊糊的最后一篇外，似乎都很脱离现实。

但是我相信，当时绝大多数青年都很关心祖国前途，热爱祖国，并且对于祖国的将来充满信心，人生有什么意义与价值，也是绝大多数人所认真思考的问题。为什么读书和怎样读书，上师范学院的人应该有所认识。恋爱问题有切身关系，随之而来的有子女的教育问题。学校附近发生的一件悲剧和学校里的有些现象，使我想到就这方面谈一谈。这些都是些常识而已，我想谈谈也就罢了。不料如我在旧序中所说，不少同学希望我把讲稿写出来，并有同学为我用蝇头小楷抄写，我对她们十分感谢。

承亡友章靳以关心，把六篇讲演集为一个小册子，于解放前夕由上海文化生活出版社印行，大概只印了千多册，看的人或者更要少些。解放初期，我在天津初次见到李健吾同志，他说看过这个小册子，并推荐给他的成年女儿阅读，我感到很大的欣慰。

1980 年起，我想用还可以工作的几年时间，修改过去的译著，将少数几本书重印一下，奉献给新的读者。于是，我将《给少男少女》重新阅读一回，记起前面提到的这两个朋友，并引起白沙一段生活的愉快回忆，我想作为一个小小纪念，这本小书也似可重印。我征求妻的意见，她又细心看了一次，同意我的想法，并认为还有更大一点的意义。

我们觉得，十年动乱对于青年一代造成的损害实在可悲。许多人的精神状态，既不像五四时代，也不像抗日战争时期。那时候他们有悲观而无颓废，悲观可以成为推动人前进的力。那时候，他们对于祖国的前途是关心的，总想法对此有所贡献，为此作出任何牺牲均所不惜。那时候，他们对于人生的意义与价值，是努力探求，并力求达到最高的境界。这两个时期的青年都在祖国的历史上留下了辉煌的业绩。动乱后的青年中有相当一部分人，对于祖国的前途悲观失望，对于党和社会主义制度失去信心，既无崇高的人生理想，也没有纯洁高尚的情操。当然优秀的青年、奋发的青年还是很多的，他们使我们满怀希望和信心。我们认为那些迷失方向的青年也不是不可救药，其中绝大多数若是得到正确引导和教育，是完全可以转变、进步、有为的。这使我不能不想到自己的义务和责任。我想自己在哪些方面尽一点微力才好。妻已经因病老退休了，但除了照顾孙儿女外，还可以帮助我做点工作，例如看看这本小书，提出修改意见。修改不多，我只删去一二小段，因为那些意见可能引起无益的争议。增加了两首诗，可以将意思说得更充分一些。在当时的情况下，马列主义不便明谈，但我在讲演中一再提到的新思想，实际指的就是马列主义，这是从全文容易看出的。针对国民党的暴政，限于形势和自己的水平，我也只能谈谈泛泛的民主自由而已。这些都是很不足的地方，我想是会得到读者谅解的。

有些问题虽然只是常识，我谈得也很浅薄，比如读书及其与人生的关系，人生的意义与价值，恋爱与子女的教育等等，尽管如此，我想对于当代青年也还有点参考价值。因此，我乐意将这本小书重新印行，奉献给祖国的希望——新时期的少男少女。愿在你们的心中永远闪耀着诗人雪莱诗句的光辉：

If Winter comes, can Spring be far behind?

(假如冬天来了，春天还会远吗?)

1982 年 7 月 27 日

写于太原迎泽宾馆

序

这本小书里所收的几篇讲演，是两年来在四川白沙国立女子师范学院讲的。我讲前只将要讲的意思写个很简单的纲目，讲过原想随风消失，并不想将讲稿写出来。近来很有几位同学催促我将讲过的话写一回，我自己颇有点踌躇，因为我觉得这一点平平常常的话，似乎不必再费笔墨。不过，有一点值得纪念的，就是在平时，往往因为随便谈天，谈到了什么问题，我丝毫不拘束地发表我的意见，毫没有什么避讳的地方，讲演时虽然稍有条理，意见和态度还是一样的，因为我相信，没有坦白亲切的空气，教育最好收起来不办。我不自信意见一定对，也不愿她们盲目地相信，我只就几个重要问题说说自己的意思，供她们思索。所以这些讲演，只是从零星的随意谈话集拢来的，没有什么保存的价值；我所愿意保存的，是那种坦然畅谈的精神。

这几篇统是最近写起来的，最早的一篇已经隔了二年，又没有一个字的大纲，和当时所说的话难免有出入；但意思是仍旧的。其余几篇和实际讲的差不多。这样随便谈谈的讲演，举例多凭记忆，往往又无书可以查考，难免有错误，我自己就在写时改正了一个。受了别人意见影响的地方很多，我也无法一一指出，有些地方我甚至不过转述别人的见解，但我往往也记不清来源了。我只能说，我自己费过一番思索，并不是光偷贩别人的意思就是。

我是很不善说话的，思想也贫枯，一讲再讲，讲了再写，实在是徒增惭愧。不过听讲的同学很热心、认真，不仅不苛责我言之无物，却还督促我写下讲稿，所以我也就不怕显露自己的穷酸相了。读者若不太见笑我们的贫乏，我们就是很感谢的了。

1946年1月5日之夜，白沙

读书与生活

到白沙来，原是应了朋友的约，来看看梅花的，听说有三百棵，很羡慕诸位的幸福。不料却有同学来找我演讲，我不免叹一口气，心想说书的命，到什么地方也逃不脱。不过我实在没有什么可说，因为我只带来一个空空的脑袋，预备装满了好风景、好印象回去，却原来也要付代价。这年头，穷日子真难过。幸而听几位先生说，诸位很爱读书，我因此想到现在要讲的题目。诸位也许笑我，“三句话不离本行”，我想这样笑我是不应该的，因为读书也罢，生活也罢，我都外行得很。现在纠缠到一块来说，恐怕更说不好了。

听一般人的说话，读书仿佛是怪令人头痛的事情。不是“一部廿四史无从读起”，分量太多，就是天气不好，“春天不是读书天，夏日炎炎正好眠，秋又凉来冬又冷，收拾书包好过年”——这首好诗，别处的学生听说都是很心会的。说是进学堂读书来的，为什么这样为难呢？我想，现在的教育制度要负一部分责任：拿死的知识填塞了之后，再拿考试来测量结果，不要几年，学生就变为完全被动的了，读书的兴趣也被消灭。我记得自己在学校读英文时，先生曾经用过几种英国文学名著作教本，结果我往往想到这些书的颜色和样式便觉得厌恶。我这样怀着偏见来厌恶的，有那位“写起文章来像天使”的高斯密斯（Oliver Goldsmith）。以后我每看他的文章，特别看看他那聪明的高额头，便觉得怪对他不住。连对莎士比亚（William Shakespeare）我都表示过不敬，诸位就想一想这些教育家的本事！幸而我自己碰到一本《天方夜谭》，使我对外国文的兴趣，没有完全被闷死。从此我发现了一个新天地，在课堂上虽然不免常打盹，课外却往往懒得睡觉。我用不着再听先生三番五次地说，“书中自有黄金屋”或“书中自有颜如玉”。我知道他们只使我见到“颜如铁”，我倒不如闭眼念几声佛。我不知道别人的经验怎样，不过我相信在塞与考两重夹板中间，总压不出很好的结果。

所以我觉得，要想培养读书的兴趣，非将态度根本改变了不可。读书不是要应付考试，不是要敷衍外来的要求，却是要满足内心的需要，充实自己的生活。换了话说，读书必须是自己的有机的一部分，必须和自己的生活经验熔为一炉。若是书和生活经验发生了亲切的关系，书便有了味道，变为知己的朋友一样了。若是生活经验从读书扩大推广，充实的机会就无限地增多了。书将人的生活方式和态度根本改变，是常有的例子。反之，实际生活的经验越丰富，读书的欣赏和理解力也就越深广，也就越能领略书中的真味。所以读书与生活是相辅相成的，必须两者并进，才可以达到佳境。光读书而无生活，只尝得到间接的经验，和吃嚼过的饭差不多；光生活而不读书，却势必空虚、狭小。

我现在来举几个小小的例子，说明我这一点点的意思。我说读书可以增广加深生活的经验，因为名著是最好的感情和思想的结晶，我们可以从其中吸收无穷的精神养料。很平常的事情，很平常的东西，经过名著的作者，特别是诗人描写之后，便有了意味，在读者的心中形成了联想。这样的诗句便成了“Open，sesame!”（《阿利巴巴与四十大盗》中开门的咒语）一样的咒语，可以替读者打开珍贵的宝库。诸位知道，罗马有一位大诗人维吉尔（Vergil），他在中世纪被人认为魔术家，因为他的半行一行的诗，往往可以在读者心里唤起无穷的联想，仿佛是咒语一样。

最近我翻译乔治·吉辛（George Gissing）的《四季随笔》（*The Private Papers of Henry Ryecroft*），其中有一段将这个意思讲得最好。他引约翰生（Samuel Johnson）的话：在读过书和没有读过书的人之间，同死人与活人之间，有同样大的差别。接着他说蝙蝠和枭鸟，若不是因为入了诗人的世界，他也许看到它们，听到它们，只怀着厌恶或迷信。可是，

"Then nightly sings the staring owl,

　　To - whit!

To - who! ——a merry note."

凝目的枭鸟夜夜歌唱着,

　　To - whit!

To - who——欢快的歌调。

"On the bat's back I do fly

After summer merrily"

我在蝙蝠的背上飞来飞去,

快快乐乐地追随夏季。

这两种鸟便入了超凡的境界,变为富于诗的联想的了。可是对于不读诗的人,它们和麻雀有什么不同呢?夜莺、云雀、布谷,也因为诗的联想,更被人珍视。这种微妙的经验,不读诗的人却无福领略。我因为韩愈的诗句——

"黄昏到寺蝙蝠飞"

对于蝙蝠也颇怀好感,而且每见到它,往往想起

"绕床饥鼠,蝙蝠翻灯舞"

仿佛见到了诗人辛弃疾独宿的凄凉景况。读过一点诗词的

人，黄鹤、燕、鸠、杜鹃等鸟所引起的情绪，也自然和未曾读过诗的人完全不一样。我们经过诗人的眼睛来看万象，经过诗人的耳朵来听万籁，仿佛是增加了一种感官；而不曾读过诗的人，却仿佛是瞎了眼睛，聋了耳朵，他们的生活经验自然也就贫乏得多了。其他如树木花草，本身固然是美的，也因为诗的联想而更美。梅呀、柳呀、梧桐呀、芭蕉呀，在不读书的人的心目中，假如引起什么情绪的话，也完全是另外一回事。所以读书使我们的生活丰富。

吉辛又说到中夜的钟声使他惊醒，若不是为了莎士比亚的联想，他也许会诅咒它扰乱睡眠呢。读过张继的

“夜半钟声到客船”

假如诸位中有人中夜被钟声惊醒，不会因此感到喜悦吗？

生活的方式和态度被读书所改变，是所以还要办教育的基本理由，恐怕诸位从教育家听的已多，见的已多，我用不着多说了。我只说一件小事。多年前我读到一篇论散步的文章，作者特莱夫严（G. M. Trevelyan）说他有两位大夫，一位是他的左腿，一位是他的右腿，在身心失调的时候，他总请它们医治，而且一治必好。那时我还在穷学生时代，而且颇有人担心我活不下去，所以常请这两位大夫侍候我，是最合理，也是最经济的事。决然下聘约。不像目前许多教授，只兼挂名的差事，他们倒是很热心服务的。

几年后旧同学见到我，都惊讶我居然不但没有入墓，却比以前健康些了。这还是小益处。它们给了我更多的精神上的快乐。我觉得我的整个的人生观，都差不多因为它们改变了。别的人听说都是用脑子思想的，我却用腿思想的时候也颇多。我向诸位保证，腿实在不像许多脑子那样空虚。假如我早几年读到这篇文章，我不知要多得多少益处；特别他论到青春苦恼期的一段，会给我最健全的启示。我先说到蝙蝠，诸位也许有讥笑我悬空的；这一回可脚踏实地了。

我说生活的经验也可以增加读书的理解和欣赏，让我也来举一点小小的例子。记得有一回，和在座的台静农先生谈到中国诗的意境，我说很欢喜柳永词中的“杨柳岸晓风残月”。他问我，前一句“今宵酒醒何处”，如何？我摇摇头，因为我不善喝酒。他却觉得酒醒后那境界更好。这有点不好商量。不过他继续说，有一次回故乡的途中，却亲身经历过这境界。我只有甘拜下风，承认他的欣赏更真切。在我，只有“杨柳岸”和“晓风残月”合成过一张和谐的图画。

我在北平，教学生读过一点诗，有一位坦然承认念不出什么味道。多半是情诗，他正在厌恶女性，难怪的。暑假后，他见我第一句话便说他喜欢那些诗了。我笑了笑，知道他不是在厌恶中过日子了。

对于名著的欣赏，有许多地方很受自己的经验限制，所以脍炙人口的名著，有时读不出什么好，也不必扫兴的。怎样的名著也往往有不精彩的地方，不一定就是自己的了解力过差。就是最精彩的地方，也不是人人都可以同样领略。有人说，一年读一次莎士比亚，每次都可以有新发现。真正的名著，大体都很耐咀嚼，咀嚼一回，总可以得到些真味。不要只相信别人的说法，虽然明达的批评可以帮助我们欣赏，可惜这样的批评并不多。我们和十个人相交，未必有两三位可以成为朋友；从书中所得的友谊温情，比例却比较高。有时我们自己的经验没有成熟，不能了解欣赏一部作品；有时同一作品，因为读的时间不同，给我们很不同的印象，可以证明自己的经验往往在读书上有绝大的决定作用。所以我们要想深入到书里去，非同时将生活经验尽力扩大不可。有批评家说，少年人阅读西万提斯（Cervantes）的《吉珂德先生》（*Don Quixote*）会发笑，中年人读了会思想，老年人读了却要哭，也就正是这个道理。

所以生活同读书是分不开来的。一方面不要做书呆子，将脑袋里装满死书；一方面也不要空着脑袋过生活。读书应当是生活的一种享乐，不是令人头疼的工作。生活应当用书籍来陶冶，使它美化并充实。读书，我们可以接近古今中外的良师益友；生活，我们才可以接受他们给予的恩惠。这样将生活和读书熔为一炉，我想英国诗人勃莱克所说：

"……A world in a grain of sand,

And a heaven in a wild flower……"

……一粒沙里一个世界，

一朵花里一个天国……

这境界我们有时候可以领略到。

谢谢诸位耐心听这几句很平常的话。

1944 年 1 月

桃花源与牛角湾

在诸位快要考试的时候，自治会的同学找我来说几句话。我想到一个诸位一定很爱听的题目："我不赞成考试"。不过，我要是真就这个题目说话，学校当局恐怕今晚就要通知，已经为我买妥了船票。所以我就另想一个仿佛有点奇怪的题目。其实意思是很平常的，我只用"桃花源"和"牛角湾"代表两种读书的态度。

诗人陶渊明的《桃花源记》，诸位大概是早读过的，总还记得那位渔父怎样到了"豁然开朗"的境地。我们乡间的一句土语，说人无论在哪一方面越来越狭小，便是钻进了牛角湾（或尖）。两相比较，桃花源大概是愉快些的，所以我虽然没有把握领诸位进去，也至少要尽力奉劝诸位，不要向牛角湾里走。今晚我只略谈到读书的方面，而且从消极着手，劝诸位有几件要避免的事。

第一件要避免的是戴假面。换了话说，就是不要牵强附会。因为"文以载道"的说法，在中国很有势力，而所载的道又往往是歪曲的，中国的读书界真被闹得个乌烟瘴气。处处拿这歪曲的道作标准来批评，有些著作的真面目，非被遮掩起来不可。最显著的例子是《诗经》。道学先生们是最怕提到男女之情的，认为是可耻，是罪过。所以“投我以木瓜，报之以琼琚”，实在令他们皱眉；“静女其姝，俟我于城隅”呢？头痛得很。“鸡既鸣矣！朝既盈矣！”“匪鸡则鸣，苍蝇之声！”——实在比苍蝇闹哄哄的还不成体统！但是诗被尊为经了，“硬是”没办法。幸而他们有一副尊君的假面具，就用它将他们心目中认为的丑恶遮盖起来，直到近些年才被人揭穿。现在诸位大概都敢承认《诗经》里有许多首是纯真的情诗了，可是早二三十年你们若这样说，也许会有人逼着你们悬梁或投水。道的力量是有这样大的。

我们常听到爱国的士女说，道德是我们的唯一的国宝，别的国家不是没有，便是只有劣等的货色。我所以加重说“我们的”，是怕诸位误听了我的意思，以为我说我们只有这一件国宝。我要有那样意思，真是罪该万死：我们的国宝绝对不止一件。我可是要说，这个宝贝不仅我们有，别的国家也有。我们就以经对经来举例。他们有一部《圣经》，大家知道的。《旧约》里面有一部《雅歌》，歌中有这样的句子：“我的良人好像羚羊，或像小鹿。他站在我们墙壁后，从窗户往里观看，从窗棂往里窥探。”怪不规矩的。“我的新妇，你的嘴唇滴蜜，你的舌下有蜜有奶。”这比木瓜琼琚还不成话。再有：“愿他用口与我亲嘴，因你的爱情比酒更美。”道学先生也只好摇头，骂一声该死。不过也是被尊为经的，只好蒙上假面，另加解释。我们有君，他们有天主，都是至尊，向他们那里一推，就一切没有问题了。所以他们说，《雅歌》里所写的不是男女的爱，是比喻，是对于上帝的爱。若有人提出别样的解释，便是异端邪说，这样的人只好请他上火柱。我上面仿佛说到投水了。一水一火，实际上是并不冲突的。我们是“中学为体，西学为用”，还是“西学为体，中学为用”呢？

他们的注经解经，在牵强附会上，实在比我们有过之，无不及。中世纪有许多 Schoolman，专作这钻牛角湾的工作。他们所戴的假面具，虽然在文艺复兴时代及以后常被揭开，现在并没有变成仅只在博物馆陈列的东西，还是满有势力的。

这样蒙了道的假面去读书，特别是抒情的作品，是荒谬极了的，就是读一辈子，也得不了真解。所以假面具是第一要揭开的。因为这样的假面具，往往是用错误的思想糊成的，所以要先在自己的思想上，下一番考察的功夫。

第二件要避免打花脸。花脸，诸位在旧戏里大概是都看过的，例如曹操，出场总打着白脸；在一般人的心目中，“白面曹操”是一个绝大的奸雄。既然捉了曹，我就用他作更进一步的例。因为《三国演义》是一部很流行的小说，曹操又是舞台上一个常出现的人物，他的脸经过这一画，和实际上的情形差得很远了。只看演义和戏的人，更不知道他在文学史上颇有点地位了。

孔夫子是被人尊为圣人的，可是因为理学家还有他们的信徒，在有些地方也很为他打了花脸，我以为真面目也被隐盖起来不少。读到有些人派给他说的道理，我不免觉得他是怪没有人情的。可是想到他老先生说："有朋自远方来，不亦乐乎？"又说"饭疏食饮水，曲肱而枕之，乐亦在其中矣"。同时也无妨"食不厌精，脍不厌细"，却觉得近人情的很。再想到"子见南子"，不免叹息连及门弟子子路还那样不知趣，后世的误解、打花脸，大概是难免的了。将曹操涂白脸，使他坏透骨，是抹杀真面目；按照自己的侏儒的尺度，抹杀或涂改巨人的弱点，以为这样可以将他变为神，捧上天，也是一种打花脸。真相不能显露，在两种情形下是同样的。西洋的好传记所以有生命，就是因为不打花脸，保存真面目。中国的行状墓志之类所以不堪读，原因也就在这里。西洋的墓志铭也同样有这个毛病。仿佛是兰姆（Charles Lamb）吧，小时读这许多墓铭之后，惊讶地问道："Where are the naughty ones?"（调皮的人们在什么地方呢？）

在这里我附带说一说，表面上很轻微的轶事，往往比大事件更容易表现一个人的真性格。要了解一个人的真面目，这些也绝不可忽略。读过《宋人轶事》中东坡轶事的人，一定比仅读诗文书信的人了解深。《约翰生传》（Boswell：*Life of Samuel Johnson*）的魅力，多半就在这里。知道孔子爱吃姜，“不撤姜食”是很小的事，不过我觉得颇有意味，因为——我是爱吃姜的。

所以读书总要尽力保存原著者的真面目，连细微的地方也注意。别人的解释往往有心或无心地给人打花脸，不要轻信二道手的知识，总直接读原著，并细心不要替人打花脸，扭歪人家的面目。

第三件要避免踩高跷。这种游戏在乡间赛会玩灯的时候常有，诸位多数人大概是看过的。脚下踏着很长的木腿，头差不多有屋檐高，要仰起头来才可以看见人脸，小的时候我记得很佩服。不过作为游戏则可，读书采取踩高跷的态度却是不可以的。作学问的基本精神要谦虚。我们的精力和时间都是很有限的，连小小的一部分东西往往终身还研究不到精透，若是稍稍知道一点点就自满起来，实在是既可怜，又可笑。我们乡间有一句土话，“满罐不摇半罐摇”，所以摇的总是半瓶醋。在研究学术的地方，这样的人是绝对要不得的。他们最好是去走江湖，卖假药。我想起两个小小的例子，都是发生在国立大学里的。不久前茅盾出了一本书，书名叫作《霜叶红似二月花》。一位大学教授不下十次发出这样的议论：新文学家不懂得平仄，将杜甫的诗句中“于”改为“似”，不通之至的。知道“于”是平声，“似”是仄声，有点四声的常识，对于读中国诗确有些用处。不过，拿这点点常识扬扬得意地大发议论，是怪有点可笑的。其实书名并不一定要依照原诗。何况那一句诗，若是我记得不错，是杜牧的。将小杜错成老杜，恐怕比一字平仄之差严重得多吧。可是他得意得很，总大言不惭地说来说去。犯错误是谁也难免的，可恶的是那样的态度。实物示教的办法，我是很赞成的。诸位若一看那样踩高跷的姿态，大概要警戒警戒自己，不要那样出丑吧。可惜我们这里，还没有看到那样好教授。

这位教授也以专门研究歌德（Goethe）自负，一本《浮士德》（*Faust*）天天拿在手里，常常还读几行的。看到吉辛的《四季随笔》中将他的自传《诗与真》写作“Wahrheit und Dichtung”（真与诗），就发议论道，真糊涂，书名都弄得颠倒错乱。我毫不懂得歌德，也不记得在什么地方仿佛看到过，他自己原来就这样命名他的书，不过以后改成今名了。我请教他是否是这样子，他十分肯定地说：哪有这样事！所以连我也糊涂在内了。

诸位大概记得，一只蛤蟆在井里看天，慨叹天太小了的笑话。我奉劝诸位不要变成这样的蛤蟆。不过，要跳到江里，跳到海里，我倒不一定要劝阻诸位的。

希腊的哲人劝人要知道自己，因为自知之明是智慧的初步，是一切修养的基础。孔子说：“知之为知之，不知为不知，是知也。”这样真诚的态度，作学问的人应当尽力养成。

我奉劝诸位不要踩高跷，并不是连所有高跟鞋也都反对在内，跟不太高的鞋，也无妨穿穿。我们多少都喜欢穿点高跟，这是情理之常，完全平底，有时倒未免显得矫情。我是最讲人情的。而且我说要谦虚，绝不是要养成自卑心理的意思。真正的自知，不仅要知道自己的限度和弱点，也要知道自己的可能性和力量。

最后我要奉劝诸位不要怕鬼子。换了话说，就是对于外来的生疏的思想，不要怕得什么似的。对于不习见的东西起疑心，甚至害怕，原是生物自卫的本能，没有什么大可非议；不过随着教育程度的增加，这种趋势应当逐渐减少，终于消灭。多年前我回到乡下的老家，因为穿短服，很被人骂为洋气。我在这里说话若穿短服，诸位一定毫不惊奇，最多不过因为破旧一点，笑一笑。许多被认为可怕的外来思想，其实不过像短衣服一样，见惯了，平常得很。

近代各种学术的比较研究（Comparative Study），把一般的成见破除了不少，对于养成宽大的观点很有帮助。我随便举几个浅近的例子。进化论已经是近代思想的一部分，大体是被人公认的了；可是在西洋仍有不少神学家反对，在中国还没有被一般地了解，更不用说承受。说人从最低级的生物演进，人的远祖是动物，可从比较研究得来许多的证据。植物和动物的生命，都从一个受过精的细胞，种子或卵开始。人也是从一个细胞开始。若是从一个细胞可以发展成含有无限可能的人，人种演进的原则有什么可以惊异呢？解剖其他动物作比较的研究，也发现了许多有趣的事实。鲸鱼的鳍，看来和人的胳膊和手毫无相像的地方，可是去下皮来，骨架却惊人地类似。鸟翼正相当于人的手，不过为适应飞翔，少了两个指头。我看见过一张马的骨骼和人的骨骼对比的图，除了四蹄的演变和手足显出差异之外，相类似的程度也是一目了然。

解剖学和外科手术，都证明人的脑子和其他动物的，在组织上相似，指挥动作的部位分配也相同。因此从动物的实验所得的知识，对于治疗有很大的帮助。

就是受了感情的刺激，人的反应和其他动物的，也很有相同的地方。两条狗龇起牙来，狺狺叫着要打架的情形，诸位当然是都看过的。这和两个人握起拳头，呼吸短促，鼻孔煽动，准备动手的情形，有什么不同呢？

用 X 光透视，猫狗一类动物的消化过程，是可以看到的。在食物正消化时遇到剧烈的刺激，消化便立刻停止。因为这时候脑、肺、心、筋肉，都需要更多的血，准备战斗或逃跑。所以呼吸短促，心跳加速，脑和筋肉都紧张起来了。诸位饭后若和人口角，一定会觉得胸口发闷，消化欠佳了，因为人的消化，也同样受感情的影响。所以为自己，也是少生气为好。

受了剧烈的感情刺激，不仅血液里增加了糖，副肾腺（Adrenal glands）也有更多的分泌输进血液里面去。这种分泌，不仅帮助神经停止消化的工作，也可以消除筋肉的疲劳，而且若是受伤流了血，还有凝血使它少流的功效。感情紧张起来，自然不是非打不可，不过打的准备是有的了。例如给诸位一个极端严格的考试，诸位也未必卷起袖子来打监试员，不过格外能开夜车，消化不良，心跳迅速，血压增高……总之，和准备动打的情形是完全一样。唉，常常想动打，活着还有啥趣味？所以我反对考试，也不是没有一点科学的理由。既然说到了这两个讨厌的字，我索性向诸位交出我的小抄：关于这些事实，我的常识都还不够，我只转抄一点侃诺教授（Dr. Walter B. Cannon）的话，他将达尔文（Darwin）的有些观察，更进一步证实。

许多对于动物的生理和病理的研究，都是经过实验的，所得的结论都可以应用到人的身上。这种比较研究不仅改变了人的观点，也已经给予人类许多实际的益处。而且这种比较研究，不仅限于动物，也伸张到植物的范围里了。

吉恩教授（William W. Keen）在一本书里说到印度的植物学者饱司（Jagadis Chandia Bose），实验出植物对于蒙药的感受反应，和人是相同的；植物在夜间渐渐将活动减低到最低限度，天亮时活动再重新开始，和人也正是一致。他又研究出，植物皮的活动细胞层，在每隔约十四秒的时间中，规律的扩大缩小，促成汁液的循环，像人的心使血液循环一样。所以他得到一个结论：动物生活中许多令人迷惑的问题，可以从考研植物生活上得到解决。

法尔教授（Clifford H. Farr）的新颖见解，吉恩教授在同书中也提到的。他说植物有感官（Sense organs），而且受了温度、压抑、气体和电的刺激之后，发生不同的反应和活动。吉恩教授自己甚至说，植物显出记忆，而且有些活动满可以看为快乐和痛苦的表示；至于从土壤中选出适宜的化学品，选取最适于生长的气候，叶子向着阳光，根背着阳光，却显出植物是有意志力了。无论我们对于这些见解怎样看法，这种比较研究对于动物——包括人在内——生活的了解，能有很大的帮助，是没有疑问的。

既然提到了植物，我就再举一个别样研究的例子。这种研究的结果，历史学家、人类学家都不能忽略，也可以看出比较研究的重要。苏联的生物学家瓦维洛夫（Vavilov）和其他的科学家，搜集了23500种麦子，加以比较研究，将它们分为不同的大类。一类的中心是阿比西尼亚（Abyssinia），从这里发生的农业，是埃及文明的萌芽。一类的中心是阿富汗（Afghanistan）东南部，印度和米索波达米亚（Mesopetamia）的麦子是从这个中心传来的，现今欧洲和北美的麦子也就是这类的变种。瓦维洛夫从这些研究得到结论：农业在山间开始，以后才传到江河的流域。若是他这个结论对，文明开始于江河流域的说法便要改变了。因为有农业，有可以储藏的食物，文明才可以开始。自然，文明究竟从什么地方开始，现在还不能确定，不过这种研究是个重要的线索。考古学家的发掘，可以供给许多珍贵的材料。所以要解决一个问题，往往需要将多种学问的收获，加以比较研究。说到考古学的发掘，我顺便提一提，在米索波达米亚南部，乌尔（Ur）地方的考古工作，使我们知道4500年前那地方的文明，比现今的半个世界都高。记住这点事实，听国粹文化家纵谈我们自己的五千年文化，我们能不红脸吗？

既然冒犯了国粹文化家，我索性就再不敬一下罢。刚讲到的是食物，我们还是不离本题。我想，古一点的“空见葡萄入汉家”，近一点的番茄和土豆，他们大概都是觉得不合胃口。请便。胡椒大概也是他们诸位不吃的，我可喜欢酸辣汤。若是我们请他们闭口不要费米，他们大概会回答，这是国产呀！可惜科学家不识趣，偏说菲律宾大概是米的老家！

因为在风俗道德方面，褊狭的见解最为普遍，比较研究也就更为重要。例如我最初见到书上说，埃及人崇拜母牛，认为神圣，我觉得真是再可笑不过了。以后稍稍多知道一点，看法也就改变了。在原始人的心目中，最迫切的问题是生命的延续，一切赋给生命的东西，因此都容易被认为神圣。牛乳是给人生命的，从吸吮牛乳的姿态向上看，牛的身体形似天宇。这样一解释，他们的崇拜便是很自然的了。其他在现代人看来很荒谬的崇拜，都从这个基本的观念出发。他们所崇拜的是生命的来源，所以崇拜物在他们眼中并不是不洁或丑恶。有些地方在人老到无用的时候，便预备两三天粮食，把他们送到山里等粮尽饿死。现代人一定说，这是多么残酷，多么不道德呀。不过，我们对于道德的了解更深时，便会知道，道德没有绝对的标准，是因时因地不同的。在一个经济力不足以养活老废人的社会中，若因为顾及他们而危害幼小者的生命，在他们一定认为是不道德的。生命的延续是第一要事，所以老人饿死，他们认为当然。批评西洋的家庭组织不合人情的议论，是常常听到的；我们所赞扬的是五世同堂。不过，稍稍细心看一看，还是他们的人情厚，我们的人情薄。我们是上一代向下一代讨债，人家是教养下一代，并认为这是应尽的义务，不是要偿还的债务。

有一种凄惨的记忆，我是很不容易忘掉的。这虽然不是我注意道德问题的唯一原因，却是很重要的一种。小时在我家邻近，有两个精神失常的女子。一个是被母亲管得严，不与外面任何人接触的少女，一个是母亲天天勉强她吃斋念佛的年青寡妇。以后我稍稍读点性心理研究的书，我才恍然明白，她们是受了歪曲的道德观念牺牲的人。她们不过是无数人中的两个。将所谓野蛮人的道德加以比较研究的学者，常常加重语气说，他们的道德往往比我们的聪明得多，合理得多了。

我想，我所举的这一点例子，可以大概说明我的意思了。我不过要奉劝诸位，处处要保持自己的真面目，也处处不要抹杀别人的真面目，努力做谦虚的真人，用开明勇敢的态度接受新的思想，新的印象，这样眼光便可以远大，作学问也就有随地逢源的乐趣了。我虽然不敢保证诸位可以进桃花源，宋朝的诗人所写的佳境，诸位却随时可以神游：

> 山重水复疑无路，
> 柳暗花明又一村。

1944年5月

至上的艺术——爱

前几天学校附近发生了一件恋爱悲剧，一时颇引起了一点纷纷的议论，有几位英语系的同学想要我说几句话，我立刻就答应了。我所以毫不推却，因为这个问题很重要，是值得谈谈的，并不是因为我觉得我可以讲得好。我一向对这问题倒是注意的，不过我所知道的太少了。诸位来听讲的很多，听了大概会失望的，尤其因为我并没有什么爱的秘诀可以传授。

爱是有许多种的，我这次所要讲的是两性的爱。

诸位多半是研究西洋文学的，所以我开头先讲讲爱情在西洋生活和文学中所占的重要地位。我想我最好借用诗人的口：

I know
Of no more subtle master under heaven,
Than is the maiden love for a maid,
Not only to keep down the base in man,
But to teach high thoughts, and amiable

words,

And courtliness, and the desire of fame,

And love of truth and all that makes a man.

——A. Tennyson: “Idylls of the King.”

我知道

天下没有比对于一位女郎的初恋更灵巧的教师,

不仅将男子心内卑污的一切抑制下去,

却也教给高尚的思想,可爱的言词,礼貌,求名的欲望,

爱真理的心,和使人成为堂堂男子的一切。

诗人的话是并不过火的:爱情是支配生活的一种力量。在中国,项羽的故事是大家熟知的,他是一世的英雄,他的流传万古的绝叫是:

“虞兮虞兮奈若何!”

这比失去天下使他感到更大的痛苦。这首《垓下歌》为我们这位英雄增色不少。

在西洋中古有种武士制度,诸位是知道的。这种制度的理想有许多地方自然颇可笑,但它在西洋生活中留下很好的影响,就是对于妇女的尊重。这种尊重妇女的传统,和对于

爱情所持的态度，是研究西洋文学的人要首先了解的。

我们再看看在西洋的文学中，爱情占怎样的地位。西洋最古的文学是希腊和希伯来的。希腊最早的重要文学作品是相传为荷马（Homer）所作的两部史诗。《伊里亚得》（*Iliad*）和《奥第赛》（*Odyssey*）。前者以进攻特罗伊（Troy）的故事作材料，后者叙希腊的英雄奥第修斯（Odysseus）凯旋回去所遭遇的故事。这个战争的导火线是巴里司（Paris）和海伦（Helen）的恋爱。

希腊有一位女诗人萨波（Sappho），关于她，柏拉图（Plato）有一首诗铭，可以说是推崇备至：

> "Some say there are Nine Muses.
> So few then?
> Sappho of Lesbia makes their number ten."
> 有人说，有九位司文艺的女神。
> 难道这样少？
> 里斯比的萨波使她们的数目变成十人了。

他的意见是古今批评家都同意的。她写的是情诗。

希伯来的文学宝库是《圣经》。作为文学看，《圣经》最好的部分恐怕是《雅歌》罢。《雅歌》是情诗。

在罗马文学中，可以和荷马并肩的诗人是维吉尔（Vergil），他的史诗《伊尼伊得》（*Aeneid*）中最脍炙人口的故事，大概是狄多（Dido）因爱诗中的英雄失望，而火焚了自己的悲剧吧。以抒情诗著称的加达拉斯（Catullus）和渥维得（Ovid）更不用说；后者还写了一部《爱经》（*The Art of Love*），被人作为借口将他放逐。

第四世纪基督教在欧洲渐渐得势了，人的眼光从现世转到未来，从人间转到了天国；所以古希腊、罗马的文学被人轻视忽略了。“原罪”（Original sin）的观念更想在人性中将爱情闷死。可是第四世纪留传下一篇《维尼丝祭前夕》（*Pervigilium Veneris*），是异教思想的花朵。这篇诗的叠句是：

> “Loveless, mayest thou love tomorrow, loving still tomorrow love.”
>
> 没有爱的，愿你们明天爱起来；在爱着的，愿明天仍然爱。

可见爱情是闷不死的。不过窒息的时间也够久。直到11世纪后半至13世纪前半这两世纪的时间中，法国南部普鲁文斯（Province）产生了许多诗人，他们被称为“troubadour”，欧洲抒情诗的传统才算复活了。他们所歌咏的是爱情。

使中古完结，近代开端的，是文艺复兴运动。这运动在意大利开始，是人间本位思想的复活。意大利的诗人皮特拉克（Patrarch）是这运动的前驱，这自然是他的伟大功绩；可是使后代对他有亲切怀念的，或者是他为劳拉（Laura）所写的情诗吧。

这样复活起来的抒情诗的传统，在西洋文学中演变发展着一直到现代，使爱情成为西洋文学的主要题材。自然，我并不说是全部。

中国没有情诗的议论，是我们常听到的，当然不正确。我们的诗文有些走了载道的歪曲道路，或者空无内容，倒也是实情。可是有许多有生命的作品，也大都用爱情作材料。我们最早的诗歌集《诗经》，《古诗十九首》的一部分和其他一些汉朝无名氏作品，晋、宋、齐朝的《子夜歌》，许多最好的唐诗和宋词，都可以做我们的例证。所以道学家想将爱情从生活和文学中挤出，到底是做不到。

其次我想讲一讲近代思想家对于爱情持怎样的态度。他们的第一个基本态度是主张灵肉一致。基督教的观点以为灵是神圣，肉是罪恶，所以想使灵高升，非将肉消灭不可；因为消灭是做不到的，就极力给它吃苦。异教的观点却以为肉是灵的寄托，没有脱离肉的纯灵的生活。英国的诗人勃朗宁（Robert Browning）有这样几行诗：

"For Pleasant is this flesh;
Our soul in its rose-mesh
Pulled ever to the earth, still yearns for rest."
因为肉体是愉快的；
我们的灵魂在它的玫瑰网眼里

永远倾向大地，渴望休息。

“……Nor soul helps flesh more，no，than flesh helps soul.”

灵对于肉的帮助并不超过肉对于灵。

将这个意思说得极清楚。

近代的思想家不仅不将肉体看作犯罪的根源，并且还主张用净观的态度（Sense of Purity）看人的本能生活。两性的关系，除了最低级的少数种生物之外，普遍存在于全世界的生物。将这关系看为不洁，看为罪，只好敬请闭眼，等候着世界末日来临了。两性的爱是生命的来源，所以用不洁的眼光来看的人，是从生命的源泉来毒害人生。他们违反着自然律，戕害了自己，在无意的报复行为中，立下些道德的规条，在人间撒遍了毒恶的种子，引起心理的冲突，失常，种种的悲剧。净观的态度并不是解决一切的万应药，不过这是向正当方向走的，而且只有持这样态度，才可以寻求科学的知识，向愚昧和顽冥进攻。

以前的人和现在的许多人，关于性的一切，总持着将人蒙在鼓里的态度。不仅家庭不准谈说，学校的生物学和生理学也毫不谈到。这种缄默的阴谋所酿成的不幸，真是令人寒心。近代的思想家持开明的态度，向无知和顽冥进攻，主张将性的知识作为人生常识的一部分，教给男女的孩子，而且以为能在十岁以前完成这种教育最好。自然，儿女有这样的问题发生，以后也仍然可以随时向父母请教。所以关于性的生理和心理，科学的研究在好些国家已经很有成绩。而且研究所得的知识，在开明的家庭和学校已经在应用着了。

在性的生活中，和在社会生活中一样，有变态和病态存在。以前的社会学者对犯罪人，也就是社会生活中变态和病态的人，是很苛刻的，法律和习惯自然也同样。因为犯罪学在近代的进步，一般人更明了犯罪的性质，例如先天决定，于是对于犯罪人也就改变了态度，偏于同情的怜悯了。对于性生活的变态和病态，态度的变化也和这同样。我们的态度是要了解这些情形，正视事实，不是要苛责，要裁判。同情的了解和指导才是我们应做的事。而且性生活的许多现象，也不是轻易就可以判定怎样是正态，怎样是变态，近代的权威霭理斯（Havelock Ellis）还这样说呢。即使我们能断定是变态了，其中所包括的问题往往复杂得很，不是道德家片语就可了事的。我们在任何研究上都要先学谦虚。若是“哎呀呀”就可以解决了同性爱的问题，训育人员的脑子倒也是够用了的。

不过变态和病态不是我们今天要谈的主题，我只是要略谈一谈我们对于爱情应该持怎样看法，持怎样的态度。我觉得，我们应该将爱情看作一种艺术。我们现在所了解的爱情观念，是很近代的产物。以前的人，现在也还有多数人这样，以为两性的爱既是天赋，所谓“食色，性也”，姑且默然承认它存在就是。有些人耸耸肩头，不在上面多费心思；有些人以想到谈到为耻；有些人甚至认为罪恶，即使不能消灭，也非尽力践踏它不可。他们宁愿在黑暗中和“魔”格斗，有时失足跌倒，有时戕身丧命，结果总是“道”高一尺，“魔”长三丈。现在一般的态度幸而在渐渐改变着了。

将爱作为一种艺术加以研究，在波斯和印度原已有过，可是近代生物、生理、心理等科学的发展，才给这种研究奠定了稳固的基础。多方面的知识是必要的，愚昧必须首先铲除。有人说，若将食的知识保守秘密，像对性的知识一样，实行沉默的阴谋，世界上不知道要闹出多少悲剧来。幸而人类没有这样愚蠢，所以从发明了用火以来，食的方面渐渐进步，现在食不仅是果腹，也是有艺术意味的事情了。食物的研究也是近代科学的一部分了。对于性的研究，我们也应当持同样的态度。也许有人以为这样便损失了爱的神秘性，也就是损失爱的美了。这想法是一种错误。我再打个比喻说，在显微镜下看过了植物的细胞组织之后，一个新的美丽的世界却在我的眼前展开了。所以正当的知识应当是这种艺术的基础。

我们研究食物，知道了各种的维生素，进一步我们便要研究怎样保持提取最大的营养价值。换了话说，有了知识，我们还要有技术。在爱的艺术上也是这样子。

世间最美的东西往往是最脆弱的，例如花。爱是嫩美的花，需要小心地培植。所以除了知识之外，爱的艺术需要入微的体贴。不浇水，花是要枯死的。没有体贴入微的培植，爱也要枯死。要“动员”我们天性中最好的一切，才可以有使这种艺术达到完美地步的希望。光是知识和技术还不够，我们还要有对宗教一样的严肃。自然，我不是指悬空的宗教，也不是说道学家板脸鼓嘴的严肃。

有些人说嫉妒和占有是真正爱情的特征，我想这怕是通行的意见吧。当然，自己的爱人总是天下第一，唯恐失去，也是人情之常。不过，用嫉妒和占有做保镖，在恐惧的空气中维持着的爱情，是不是顶有趣的宝贝，我可就不大知道了。罗素（Bertrand Russell）说嫉妒和占有是足以致爱情死命的，我想这话很可以供想维持爱情的人深思。待到所占有的只是躯壳，而仍然施用残酷的手段，维持着自以为得意的外表，那就更不足道了。使对象痛苦，或从对象接受痛苦而感到满足，这种残酷是变态，不是我现在要说的。自私，不体贴对方，要求认为当然的爱，我认为都是残酷。这和嫉妒，占有，同样应当避免。爱情不是这样能够获得或维持的。

以下我想关于各种可以料想到的情形，分别简单地说几句话。

相互的爱自然是最圆满的，愿诸位都有爱也被爱的幸福。要使这种幸福持久，积极的方面是要求得知识和技术，消极的方面要避免嫉妒、占有和残酷，我们已经说过了。用自由和信任做爱的两翼，使它翱翔。这二者是爱的空气和阳光，在这里面生长起来的爱，才有健全的生命。爱既是有生命的，爱的艺术便没有止境，要使它日趋完善，就有不断细心经意的必要。不过既然无拘束，无疑惧，这应当是人生最愉快的工作。

相互爱了，因为某些原因不得不分手，在人生中也不是不常有的事。

> Since there's no help，come let us kiss and part.
>
> 既然没有办法了，让我们来亲吻分离。

这也许是所谓 Mushroom Growth，也许经时是很久的，但都未必酸苦，却往往像一场好梦，留下甜蜜的记忆来。

被爱可是并不爱，往往也是怪苦恼人的事，对不对？我觉得诗人是很可爱的，可是诸位的前辈使他们有不少吃过很大的苦头。我们在班上已经读过好几首诗，哀求他们的女神不要残酷无情，不要漠然轻视。不过大体是没有用的。这自然无话可说。我记起约在二十年前的一件小事。一个诗人为一位女子写了几首情诗，被她送给一个报纸发表，同时有一封不甚客气的公开信；幸而记者很高明，仅将诗发表了，传为一段佳话。这样的事幸而以后不大听到了，或者我们应该感谢这位记者的手腕也未可知。可是拿这样的诗信之类向学校当局去告状，在不几年前我知道是还发生的，我不觉得是可喜的现象。爱是一个男子对于女子所能给予的最高的敬意，不接受是没有什么的，不过态度要大大方方，而且绝对不应当给人不必要的痛苦。在爱情上表现的小器和残酷，是最准确的量人的尺度。

反过来说，也有爱人而不被爱的时候。一般人常说，不爱即恨。恨也不是完全坏的情感，假如恨用在适当的地方。不过在这样情形下，恨却是没有什么大道理，因为尊重彼此感情的自由，是我们在任何情形下都要记住的。由于爱情的失望而玩世悲观，也是不应当，这时候我们要用勇气和自尊作我们的支持。勃朗宁有一首诗，大意是说在爱情中无妨跌倒再起来，这样度过一生。有这样勇气的人，大概也不会永远跌倒。将精力转注到别的方面，使它发生“升华作用”（sublimation），也是常听到的劝告。不过升华作用并不像表面看来那样简单，而且副作用流弊很多，不是多数人所能做到的事。生活中没有捷径可走，我们要有勇气正面看人生的事实。

爱情会有变化，怎样好呢？这是常听到的焦虑的问题。因此有许多人怀着畏惧，怕吃不起这痛苦。也无法奉劝必吃；不过甜的也只好请闭口。人生的经验，是没有纯甜的。

我给你们朗诵埃思里奇（George Etherege）的一首诗，供大家思考：

要说我们的爱情能存在多久，
西莉亚，我们的能力还不够；
我们现在所尝味的快乐，
一点钟内也许一闪而过，
只有那些不朽的有福灵魂，
才在恋爱中没有变化发生。

既然我们是人间的情侣，
莫问我们的爱情有多长时期；
只是留心，在还相爱的时间，
使每分钟都被欢乐充满：
不肯求生，就只因为必死，
那岂不是发疯发痴？

单因为功利的考虑而起的变化，够不上爱的水准，我们置之不论。动机纯洁的变化，也是常有的，这或者是彼此在适应上有克服不了的困难，或者是因为原来的认识不足。若是未结婚，问题自然较为简单，无论在双方或单方，坦白承认这事实，比隐蔽着自己的真感情好。已结婚而没有孩子的，离婚的影响比较小，有孩子的就要多一层考虑了。这是一种很大的不幸，并不是道德或不道德的问题。我们只能有同情，不能加以道德的批判。在当事者的本人呢，应当很郑重从事，要先考察这种不幸的原因是不是缺乏知识和技术，必不得已了，要顾到对于孩子的义务。虽然反对离婚的人在各国都很有，可是失败的婚姻所引起来的社会问题很严重，使许多近代人改变了态度。要想避免这失败，不是迁就现实就可以做到的。更可靠的是爱的艺术。我们希望这种不幸渐渐地减少。我想这个意见是多数人可以承认，可以接受的吧。

我可是很“愿天下有情人都成眷属”，所以我再来谈结婚。我们常常听到人说，“结婚是爱情的坟墓”。这句话有一部分真理。因为没有充分知识的爱情，生命原就单薄，结婚又包括许多复杂问题，毫无准备的人恐怕也只好掘墓，维持着躯壳，得不到人生的幸福。这坟墓是“无知”掘的，和结婚无涉，我们应当将责任交代清楚。在明了爱的艺术的人，结婚不是爱情的终结，却是爱情的延续。自然，两个人的充分适应，不是一件容易事，而且往往要几年的时间。所以精心的培养，在结婚后和结婚前一样的重要。只有保持着情人的态度，继续对爱的艺术精求，才可以使爱情持久，一生在蜜月中度过。

使结婚的关系持久，孩子也是一个主要的因素。不过孩子也引起许多新的问题，非有充分的准备，也往往发生很不幸的影响。这里知识也是同样的重要。中国无知的父母和不幸的儿童之多，实在是一件顶令人伤心的事。在这方面也有很重要的工作要下手，特别是女子的责任重大。做父母的应当充分吸收运用现代科学的知识，对于孩子自降生那天起的教育问题，都要先细细思考。自安于愚昧，将不幸加在新生者身上，对于孩子，对于社会，都是严重的罪过。

无知是我们的危害，贫穷也是我们的劲敌，疾病和死亡往往随着来到。对于孩子，养的问题和教的问题同样不能忽视。为母亲的健康，为孩子的教养，孩子的数目都有加以限制的必要，尤其在现今的中国。生育节制在现代许多国家都在实行着了，虽然还有少数顽固的道德家反对。许多失败的婚姻在孩子的问题上可以找出原因来。要想有成功的家庭生活，孩子的问题决不容忽略。

最后有一个问题，同爱情结婚有密切的关系，是常有人问到、常引起争辩的，就是，妇女结婚后应当“主内”，管家庭的工作呢？还是应当从事社会的工作呢？在我觉得，非要妇女主内不可，不使她们有接触更宽广生活的机会，是不应当的。家庭的工作男子也应该担当一部分，怀着高超感，认为这是不值他们注意的琐事，是对于他们的尊夫人不敬，恐怕还是请他们再思的好。所以在参加社会的工作上，妇女应当有同样的机会。不过，作为点缀是毫无意义的。

在目前，托儿所和育婴学校都没有，家庭的工作相当繁重，往往事实上限制妇女参加社会的工作。教养幼童，妇女究竟较为适当，而且这种工作的意义重大，不在任何种工作之下。所以不是事实上被束缚如奴隶，这种工作也未尝不愉快，而且也不致剥夺了接触宽广生活的机会。能将两三个孩子好好教养起来的母亲，应该得到应有的尊敬，她自己也有权利自豪。这需要很丰富的经验和学识，还有一种最高的本性可以活动——母性的爱，这种工作是崇高的，其余的工作多半有关名与利，将这些看得更高，我觉得不解。至于超功利的事业，如学术的研究或创作，若是妇女做得好，有孩子也还是做得好，两者并不一定是水火。

浅陋的话已经说了不少，我现在来简括地将我的意思总结起来。将肉从灵分开或看为罪恶，是不对的。性是纯洁的，我们应当将爱作为一种艺术来培植。这需要知识，需要技术和细心的体贴。嫉妒和占有只能保持爱的躯壳，我们应当有勇气，有宽容，使爱在自由的空气中生长。结婚是爱的继续，孩子是家庭的基石，二者都各有特殊的问题，需要充分的知识和技巧。在任何阶段，愚昧都应当努力破除。在完成爱的艺术这工作上，男子不能是家庭的暴君，女子也不应是玩偶家庭的住客；能做贤达的父母，爱的艺术便开花结实，到了成熟的地步。

我和诗人同意，以为对于女子的爱是最好的教师，所以女子是教育的中心人物。英国的散文家斯提尔（Richard Steele）说以利萨伯·哈斯婷（Elisabeth Hastings）："to know her was a liberal education"（认识她是一种高尚的教育）。我们这里有600位同学，我想每位都是一所大学，所以教育的功效应该等于600所大学了。愿诸位愉快地完成这任务！

1944年12月

试谈人生

前几天自治会的同学来邀我做一次“学术讲演”，我没有敢答应，因为我既不学，又无术，从何讲起呢？不过，她们改了话头，说，就请随便讲几句话吧。这样我就不便推却了，因为会说话，不哑，我是无法否认的。

那么，讲什么呢？记得上一回讲演，说到愿诸位“有情人都成眷属”，自然这一次要讲“娃娃经”才好。实在的，这是很值得讲一讲的题目。我上次略略提到“爱经”，这一回又出了个好题目，如果能有人将这两种“经”讲到好处，我想一定可以和我们的《十三经》有同样的价值，或者价值更高。若能多这两部“经”，我们倒更有可以自豪的文化了。现今在大吹嘘固有文化的人，似乎还言之过早。不过，据说这里有五六十大小娃娃，专家很多，这一“经”也不是我敢谈的事。

所以我就想起现在要说的题目。自然，谈人生也是专家的事，不过，我总算活了四十、四十一，也许四十二、四十三年了，略谈几句怎样活着，或想怎样活着的话，大概也还没有什么不可吧。我只想，也只能说几句平平庸庸的话，并不是要评述古今哲学家的人生哲学。而且我确是“试谈”，因为对于人生，我也还在不断地摸索。

将人生看作舞台，看成一场梦，是古今中外一种很普通的思想，我们的诗人固然说：“浮生若梦”“世事一场大梦”；英国的诗人莎士比亚也说，

We are such stuff
As dreams are made on.
制成我们的材料，
同制成梦的是一样。

All the world's a stage,
And all the men and women
merely players.
全世界是一个舞台，
男男女女都只是演员。

我们就将人生看作舞台，看成梦。不过，我们既然来到人间，也就是登了舞台，我们就要演一出好戏，我们既然入了梦境，我们就要做一场好梦。

我是持异教的观点（pagan view）来看人生的。我觉得，我们生活在人间，我们就不能离开现世，更不应当对现世加以轻视。我们是用肉体生活在人间的，我觉得，我

们应当用净观的态度，来看一切本能的生活。一切躲闪生活的态度，一切否定人生的说法，我都不取。高抬起灵的世界来轻视或忽略现世，是一种躲闪，是一种否定。在自然的生活上加桎梏，走捷径，妨害生活充分的发展，也是一种躲闪，也是一种否定。我觉得，我们的基本生活态度应当是积极的，肯定的。地上是我们的乐园，天国让不好好活在人间的人去享受。没有人间的温暖，我想天国也不是什么好住的地方吧。

根据以上这个观点，我觉得在一个人的一生中，应当每一个时期有每一个时期的生活。第一要避免早熟。我的意思是说不要将小孩子看作或变作小老头。儿童的发现，在中国似乎还没有广遍地开始，在西洋也不过是很近的事。我们要想一个人充分正当地发展，从降生的第一天就应当注意到他的生活。前半岁和后半岁的婴儿很不同，两岁和三岁的孩子也很有差异，我们应当尽量应用现有的科学知识，使他们各有应有的生活。常听做母亲的人说，孩子过了三岁就不"好玩"了。是的，他的好奇心锐敏起来，问题多了，一事一物都是他探究的资料，在无知的父母看来实在是麻烦不过。于是今天一场骂，明天一顿打，直到他"少年老成"了为止。生命的嫩苗经这样一摧残，以后的发育不问可知。中国无孩子气的孩子之多，也就是早熟现象的普遍，我想原因大概就在这里吧。我们中也有幸运的例外，不过受过这样牺牲的还是最大多数。诸位是将来负教育责任的人，自身或曾受过的悲剧，以后不要使它重演才好。

因为早熟，所以也有早衰的现象。这是我觉得要避免的第二件事。因为少年就老成了，所以青年的老人也特别多。正是应当朝气勃勃的时候，却已经暮气沉沉了。正是在不应“更事”的时候，却已经人情世故了如指掌了。活在这样面面圆的人群中，也许是愉快的事吧；但要寻求旺盛的生命力，却不如到墓场去的好！这样干枯了的生命，经不起什么风波，只在僵死的情况中鬼混罢了。我们所期望的青年期的生活，绝不是早衰的。

因为早衰，自然也就早死。我所谓死，并不一定是埋在土里的意思。不能接受新的印象，新的经验，新的思想，换句话说，就是变成了老顽固，我以为这就是精神的死亡。这是我们第三件要避免的事。若是各时期的生活都是充实的，好好度过的，老年的时期也自有它的意义和味道，正如经过春夏，有成熟的秋季一样。春夏的鲜花固然可喜，金黄的果实是一生丰富的收获，也同样可以珍贵。早熟、早衰、早死的人，便不会有这样的收获。

童年、少年和青年时期，都常常被人称为“黄金时代”，我想中年和老年时期，至少也应当是金黄的才是。要想这样，非将上面的三种坏现象避免了不可；要不然，恐怕黄铜的也谈不上。婴儿，童年和少年时期，不是我们自己的力量所能支配的，在我们也是属于过去的了，我们的责任是对于后来的人，从青年时期起的生活成为金的呢，还是铜的呢？却大部分有赖我们自己的态度和努力了。

劝人不要错过现时的思想，在古今中外的诗里是颇为普通的，例如《金缕曲》便脍炙人口：

劝君莫惜金缕衣，
劝君惜取少年时。
花开堪折直须折，
莫待无花空折枝。

不过，“现时”不仅是少年时的人所独有，儿童和老年也各有他们的现时，他们也应当有权利使他们的现时花满枝。各时期的生活自然是不同的，但各有它们的花——冬季有腊梅不是？

不错过现时是好的，但只有使各时期的生活充实，才算是不错过。现时不能久留，对它有留恋的感觉，自然也是人情之常；所以惋惜一逝不返的童年，伤怀失去难再的青春，也是许多文学作品的好材料。不过迷恋过去是不好的，因为这样足以阻滞新生命的发展，也就是妨碍了下一个时期的生活。我觉得贺知章的一首《采莲曲》颇可以表现我的意思，现在读给诸位听听，就可以免得我说许多废话了：

稽山雾罢郁嵯峨，
镜水无风也自波。
莫道春度芳芬尽，
别有中流采芰荷。

岂但现时不久就要过去，衰亡也是很快就要来到的呵。无常之感所以也充满了古今中外的文学。人生确是无常的，不过人生的可爱处也多半就在这无常。许多人羡慕长生，自然我也不会有活厌烦的时候；不过仙丹到现在还没有结果，在我死前我也不想存很大的希望了。精神的衰亡，我总要尽力避免，到闭眼为止；不过总要有闭眼的时候，我想诸位大概也没有什么妙方。当然，要是有的话，我很乐于请教。那么，我们就假定衰亡是要到来的了。畏惧吗？不的。我并不是像圣保罗（St. Paul）一样，怀着到天国的希望，念念于不朽，所以敢向死亡挑战道：

Where is thy sting!
你的毒钩在哪里！

诸位知道，英国有一位顶健全乐观的诗人勃朗宁（Robert Browning），他有这样几行诗：

I was ever a fighter,

so — one fight more,
The best and the last!
I would hate that death bandaged my eyes,
  and forbore,
And bade me past.
我永远是一个战士，
所以再来打这最好最后的一仗！
我会厌恶死亡蒙蔽我的双眼，
吩咐我爬过他的身前。

不过他的夫人死去不久，他是怀着在天国团圆的希望的。

我说不要害怕死亡，那原因还是在人间。若是我们果真各时期有了各时期的生活，我们就真没有白白过了一世。我们享受了我们的时光，应当将空间让给后来者了。我们的戏要有个收场，我们的梦要有个结束的时候。

英国另有一个诗人兰多（Savage Landor），我很欢喜他在一首短诗里所表现的，对于生和死所持的态度：

I strove with none, for none was worth my strife.
Nature I loved, and, next to Nature, Art:
I warm'd both hands before the fire of life;
It sinks, and l am ready to depart.
我不和人争斗，因为没有人值得我争斗。

我爱自然，其次我爱艺术；
我在生命的火前温暖我的双手：
一旦生命的火消沉，我愿悄然长逝。

以上是我觉得我们对人生应持的基本态度。进一步我再试谈一下，我觉得我们应当过怎样的生活。

我觉得我们的生活应当具备三个条件。第一个条件是“深”。我们知道，要想培植奇花异木，浅土薄沙是不行的。暖房养出来的花草因为得天不厚，所以特别容易枯谢。海水因为深，所以能掀起巨浪，而且在深处藏着珍珠。只在浮面上过生活的人固然吃不到什么酸苦，但也尝不到什么甘乐；在他们的口里，人生只是淡淡的，没有什么大不了的味道，眼泪固然不多，笑也是浮在脸皮上的。这些人根性薄，他们的根不在人间，我们就让他们飘空，不谈也罢。

要使生活深，我想第一不能敷衍。见面只谈谈“今天好大雾”，或“昨夜月亮好”，“菜油五百一斤”或“黄金几万一两”，“张三下台”，或“李四登场”——我想大概谈不到是什么深交。可是许多人所谓友谊，大概是不过如此。今天你请我吃一餐饭，明天我请你喝一回酒，也许是怪有趣的热闹生活，不过我不知道这人情有怎样的深度，也许他们彼此心照吧。

这样的待人，我想是不够的；这样的接物，我想也不够。有些人只消几句话便露了底，因为他们原没有深；有些物一目了然，因为没有什么可以深究。但是这样的，我想是少数，也愿意是少数。想使生活不属于这少数，我们要处处不敷衍才办得到。人性中有许多宝藏，万物有许多奥妙，只有向深处探讨的人才可以欣赏，可以发觉。这些可以增加我们自己生活的深，是用来观照我们自己生活的好材料。

我记得在一篇谈散步的文章里，有着这样意思的几句话：要认识、喜爱岩石，我们非紧紧蹲伏在上面不可；山上的树或草根，在我们攀山时帮助我们上去一次之后，我们对这样的植物便觉得亲切起来了。不将脚跟和手指钻进苔藓的陡岸的人，不知道水和日光会使它发出怎样奇妙的香味。这样的接物不是敷衍的，他的经验才深。

要使生活深，第二我觉得不能畏惧。我们的教育大体是以畏惧作基础的。孩子顽皮或夜哭，母亲总要说“麻胡子来了！”一类的话。最近我还听到人用拍墙或装怪声做手段，骇孩子不哭。稍大怕鬼，再大怕人。总之，一怕百事大吉。罗素（Bertrand Russell）说西洋的男子存心将女子胆子教小，以保持他们优势的保护者的地位。我们倒是男女平等的。

其实，这也怕，那也怕，还活着干什么呢？你们看林间的果实，它们是怎样生长起来的！今天风吹，明天雨打，经不起的或者早早落地，或者中途发酸枯死，只有那些不怕风吹雨打的，最后才变甜成熟。躲躲闪闪，怕这怕那的人，最多不过成一颗酸果，早点落地，倒也好的。所以怕是要不得的。

有些人愿意生活中只有快乐，只有幸福，对于痛苦却畏如蛇蝎。这和天天只吃糖果过活的人一样，若是能活下去的话，牙齿要坏，胃口也不好。我是宁愿给蝎子咬一口的，而且我向诸位担保，这是并不恶的经验。蛇，有机会再尝试。除糖之外，用点酸辣咸苦作调味，用不着我奉劝，诸位已经在实行了。在生活中也要这样。不敢深味人间苦的人，也不能深味人间的快乐。人间苦是净化我们生活的火焰，想生活有深度的人，不怕在火焰里燃烧！诗人勃朗宁说得好：

> Be our joys three－parts pain!
> Strive, and hold cheap the strain.
> （让我们的快乐四分之三是痛苦，
> 努力吧，费劲也毫不在乎。）

第二个条件是“广”。要想生活广，我觉得一个人必须有一种中心工作。这种中心工作，你可以终身从事。在准备的时期中，不要将自己限在太狭小的范围里面，要使自己知道的方面尽量的多。中国所谓先博后约，英文所谓know something of everything before you know everything of something都是这个意思。自然，这不是说乱糟糟杂凑一些知识。这样塞些不曾消化的材料算不了博，当然也谈不到约。光怀着图一时实用的目的求知识，也算不了最高意义的求知。想在工作上胜任愉快，往往需要许多表面毫不相关的知识。现今以学问作基础的工作都高度地专门化了，从事这种工作的人往往太缺乏常识，不能不说是一种缺陷。前些年有一个大学教授，对当时青年们讨论得很热闹的问题毫无所知，说是查遍《大英百科全书》，找不出一点影子，所以莫名其妙，大发了一阵牢骚，一时传为笑话。一二年前听说过一个故事：一位经济学专家听几个人谈到陶渊明不为五斗米折腰，他大为惊讶地说："当今居然有这样有气节的人呀!"你也可以说，这是对工作无用的知识，不知道并没有什么要紧。是的，倒没有听说过因此扣薪的事。不过，就是无实际用处的知识，也是越多越好。记得吉辛在他的《四季随笔》里说过，知道一种野花的名字以后，便觉得彼此亲切得多了。我常常叹息自己关于花鸟知道得太少，虽然我向来不教博物。

中心的工作是重要的，和中心工作有关无关，有用无用的知识也重要。多一点知识，就容易多一点愉快的经验，也就是生活广一点。我说到花和鸟，只是随便举一个例罢了。其实中心工作以外的兴趣，种类多得很，各人可就心爱的选择。这些兴趣也就是消遣，它们可以使人的身心得到舒散，得到休息。种类越多，生活的范围也就越广。自然不能喧宾夺主，以这些兴趣作主要的生活。

除了工作和工作以外的兴趣，我们要充分从我们的环境中，吸收可以增广生活的材料。第一我们要接触人。认识了解我们的同辈，以他们作借镜，可以增加我们生活多方面的知识和经验。圣慈伯里（Saintsbery）说，每一个人的生活无论怎样平庸，都有写成一本好书的材料。所以从人的观察和认识，我们可以有许多的珍贵收获。

第二我们要接近大自然。牛顿（Isaac Newton）看苹果落地而发现了地心吸力的故事，已经是人人周知的了。我们的诗人陶渊明和王维的田园诗，也几乎是家传户诵。对于科学家，对于诗人，大自然都开辟了一个新天地；他们的生活也就成正比例地增广。我们不能期望人人成科学家，成诗人，但是在我们的天赋和能力的范围之内，我们也未尝不可以得许多宝贵的经验；多一分经验，生活也就是增广了一分。有许多经验非亲自尝尝，不知道真味，而且虽经别人道破，我们仍然是隔膜。我们现在讲的是大自然，我就试举两个小小的例子。

王文海有句诗，“鸟鸣山更幽”，是传为佳句的。我原也喜欢这一句诗，但觉得亲切，却在身临其境之后。有一次下午，我在北碚一处山间散步，幽静极了，几乎针落地都可以听到。我静静地站着，突然听到一声鸟鸣，我便立刻记起这句诗。有一次就在我们学校后面的山谷里散步，一声鸟鸣打破了空谷的沉寂，我也有同样的感觉。这以后，“鸟鸣山更幽”不仅是传诵的佳句，却也成了我的一点很亲切的经验了。

离学校不远有一棵很大的桐树，多数同学大概是看到过的。有一天黄昏我去看桐花，时时有几朵花轻轻地飘落。苏轼的一首词里面有“落花寂寂”的句子，这时我才亲切地感觉到这意境。可惜我不是诗人，不能用文字将这时的情绪表达出来；不过这点小小的经验，我觉得是很可珍惜的。我们住在乡间，也许有人觉得是鄙陋，是苦事吧。但在能善于吸收环境中精华的人，类此或更好的经验可以常常有。这不能不说是一种广，一种丰富。

除了自然的环境之外，社会政治的事件中也尽有增广我们生活的材料。活在人间，闭眼无视社会的现象，那就同坐在井里一样，所看的天是不会大的。这样的生活谈不到广。你若有一点想象力，从报纸上的一条社会琐闻，也往往可以看出许多有深远意义的问题。例如，这几天的报纸登载一则教授失踪的新闻。诸位试想，大白天里，无鬼无妖，一个人会凭空无影无踪，岂不比一部侦探小说远有趣味吗？不过，多年前有些小孩子，因为读迷了“小人书”，竟结伴去寻仙求道，有的甚至于没有了下落。太注意侦探小说一样有趣的事件，诸位怕也会迷路，甚至“自行失足落水”，还不如闭起眼睛来福气福气吧。

附近有一个女子投水自杀，诸位大概是听说的。据说是情死。她所爱的男子被他姐姐阻止，不准和她结合。她没有家世，手边恐怕也没有金条，所以死去不多时，这场人间的悲剧也就随着流水过去了。这个近在眼前的例子，是不是很可以发我们的深思？

听说现今的青年们有很多“玫瑰色的梦”和“天鹅绒的悲哀”。这样的梦，我想大概很可爱。这样的悲哀一定又软又柔，不比糖果难吃。很好的。不过，不要忘记了，人生坐在天鹅绒上的时候少，坐在针毡上的时候多。避开现实，只坐在天鹅绒上的人，是经不起一针的怯弱者。爱玫瑰也不要忘了刺！不然刺一扎了手，便泪眼蒙眬，连玫瑰也看不清楚了。

一个人若不自限在太小的范围之内，随处的风俗人情都可以供我们观照。现在快过年了，处处都可以看到用猪头祭祖。用三牲祭祀，本来是很普通的事了，似乎也没有什么可惊奇。不过，是怎样起源的呢？你从此可以追溯到野蛮人的人祭（human sacrifice），那就不是很平凡的事了。

从头我想到帽。现在有人遇到你们不脱帽，你们大概会见怪他不敬吧。为什么呢？习惯。不错的。怎样来的习惯呢？却有一段有趣的历史。以前的贵人外出，是要有人打伞给遮住太阳的，这情形你们从中国的旧戏中还可以看得到；贫贱的人只会挨晒，不准享受这样的特权。以后伞变为帽，贫贱的人也可以戴了；但没有阔气惯，所以一遇贵人，仍然恭恭敬敬地脱去，表示不敢僭越的意思。渐渐脱帽就变成表示恭敬的礼貌了。

你们戴耳环指环，觉得是很好的装饰。我们也非打起领带来不可。不过诸位要原谅我说实话，据说环是表示奴隶所有权的遗物。领带的祖先是贵族，据说是从武士甲胄上的护胸物变出来的。我们的装饰比你们高贵得多了。

尊重国旗，已经成为近代国家的普遍习惯了。这也有一段有趣的故事。胎儿降生的时候，胎衣和脐带一同脱离亲体。原始的人相信国王和他的胎衣是双生，在母体中有助他的生长，出了母体也还是暗中保护他的。所以埃及的国王出巡时，胎衣挂在旗杆上，脐带下垂着，有人举着在他跟前行走，作为一种保护。这渐渐演变为旗帜。近代的国旗便是从这里脱胎的。

在近代的学校里，球戏是很平常的了。据说这也起源于古埃及。在新王行加冕礼时，演一种生与死斗争的剧，故王的木乃伊代表死的方面。以后仅用木乃伊的头来代表，再以后又改用球形的东西来代替了头。生与死争夺这球形的东西演变为各种近代的球戏。诸位玩球时，大概是没有想到的吧。

所以接触人，接近自然，留心社会政治事件，观察风俗人情，都可以增广我们的生活。

生活的第三个条件是“高”。我所谓高，是超出小我的意思。能使人超出小我，达到生活的高的，有几件事。第一是友谊和爱。真正的友谊是珍奇的，不会用敷衍和应酬得来。它可以教给你知道，不，教你感觉到慷慨、宽宏、同情、互助等等高贵的感情是怎样的。它可以使你对人性增加信心，感到人间的温暖；它是雨天的阳光，不幸时的鼓励和安慰。它可以培养你性灵中的善、美、真，并使你追求人生一切高尚的东西。知道友谊是什么的人，不会自私自利，因为友谊使他超出了自我的小范围。

我所说的爱是广义的，最有力的当然是父母对于子女，和两性之间的爱。讲起父母的爱，我想起一件小事，虽然近20年以前了，印象还是很清楚。我在一个医院里，一位抱着刚生的婴儿的母亲，坐在手推的二轮车上从我的身边过去。她看着孩子微笑——我想这微笑足可以和蒙娜丽莎（Mona Liza）的微笑媲美。这是一秒钟就过去的事，但是在我却比许多国家国际的大事还不容易忘记。在这时刻，她是达到了生活的高度了。

两性的爱是使人超出自我的最大的力量，我已经有机会和诸位略略谈过了。最近我们在班上读了一首勃朗宁夫人（Elizabeth Barrett Browning）的十四行诗，开首的四行是这样的：

How do l love thee? Let me count the ways.
I love thee to the depth and breadth and height
My soul can reach, when feeling out of sight
For the ends of Being and ideal Grace.

我怎样爱你吗？让我来计算我的爱法。

追求着宇宙的意义在无限中探寻，
那时我的灵魂所能达到的高，广，深，
我就以这样的程度爱你呀。

这样的境界有高，也有深。

我们的诗中，也不乏歌咏高深爱情的作品，我只从汉朝的《铙歌》中举一个例。

上邪。我欲与君相知，长命无绝衰。
山无棱，江水为竭，
冬雷震震，夏雨雪，
天地合，乃敢与君绝。

不幸在中国爱情被礼教摧毁，我们的诗歌也蒙受了无法估计的损失。

还有使我们超出小我，达到生活的高的，便是理想和真理的追求。诸位知道希腊有关普罗米修斯（Prometheus）的神话，说他从天上偷火到人间，保全了人类，大神宙司（Zeus）因此严惩他，可是他始终绝不屈服。这种崇高的境界，历史上许多为真理而献身舍命的人，都是达到了的。他们所拿的火种，无论是火柱，断头台，电椅，西伯利亚，或大刀，都扑灭不了。匈牙利爱国诗人裴多菲有这样一首诗：

生命诚可贵，
爱情价更高；
若为自由故，
二者皆可抛！

所写的也就是这样崇高境界。

鲁迅在《中国人失掉自信力了吗》这篇文章中，赞为“中国的脊梁”的那些历史上的和当代的有名无名的人物，也为万世所景仰。我们要向这样的崇高境界攀登！

孔子说：“未知生，焉知死！”我却将他的意思转变一点说：“未知死，焉知生！”

最后，我觉得宗教的感情也可以使我们达到生活的高。我不是说的有任何仪式外表的宗教，而且我的意思并不和我开头所说的基本观点冲突。我觉得英国的思想家蔼理斯将宗教的感情解释得最好。他说忘记了狭小的自我界限，觉得灵魂扩大了，便是宗教。仰视流星朗月的天空，瞭望白浪滔天的海洋，一泻百丈的瀑布，或蜿蜒千里的江河，觉得灵魂和大自然一致了，我想就是这样的境界吧。

我们在世间的生活总难免有重重的躯壳，只有友谊、爱情、理想和真理，可以帮助我们将这些躯壳打破。要想我们的生活达到崇高的境界，重重的躯壳非打破不可。

生活有了高、有了广、有了深，才可以说是充实。只有充实的生活才可以消除因空虚而引起的嫉妒和恶意。所以我们要想建起地上的乐园，必须拿有高、有广、有深的生活作基石。

有人将人生比作古希腊的火炬竞走，是颇有意味的比喻。我们从黑暗中来，一闪就回到黑暗中去。我们的责任是从以前的人接过火炬，再将它传给后来者。使火炬不熄灭，或更进一步增加它的光，便是人生的意义和价值。

1945 年 4 月

“严父慈母”的新估价

自治会请我向诸位同学说几句话，大概是因为我好说话，饶舌，所以在全校罢课，各位先生都闭口的时候，还要我现一回丑。不然就是因为我好说话，在大家没有好功课可听，需要一点余兴的时候，我总不会扫大家兴，板起脸来，说一声“议决罢讲”。再不然，就是因为我爱说好话，曾经祝诸位“花好月圆”，而且招待过两次新女婿了。因为我说话好，我知道是绝不会的，所以置之不论。若是为了其他三个原因，我可以说都是错误的。第一我不好说话。我在北碚一年，有人说没有听过我一连说三句话，是真的。好说话也不尽然，我在这里的口碑，诸位大体知道：坏脾气，不好说话的。说好话吗？也未必。今晚我所要说的便是坏话多。

诸位看这一点小事，你们就闹得错误百出——我是按一个人犯一个错，以一乘百计算的——所以关于其他的事，我奉劝还是多思考一番的好，不要觉得太有把握。什么样算是小器，算是褊狭呢？人云亦云，凭了不过半打的成见过生活，便是小器，便是褊狭。什么算是大方，算是宽容呢？持开明的态度，求了解不同的观点，时时将自己的意见加一番新估价，开一点新天地，便是大方，便是宽容。专门教育家的高见怎样，我不大知道，就我素人的眼光看，教育的功用应该就是养成这样的态度。

英国的一位思想家蔼理斯说德国人尼采的思想，是投入19世纪思想界的一颗炸弹，主要的原因是因为尼采要将一切旧价值重新估一番价。思想像衣服一样，会旧会破，会不合时，所以有时需要改做，有时需要弃置。受大学教育，将来又要负教育责任的人，不能只作估衣商，时常要去去布店，动动剪刀的。讲起衣服的比喻，我觉得“严父慈母”的观点，真是一件古老的旧衣，开头就裁得不成样。现在实在有改做的必要了。这件衣服，我们在或长或短的时间中都曾穿过的，诸位可以自问一下，现在是否还在穿着。不多天前，一位母亲被六七岁的孩子无理性地纠缠不休，我适逢从旁边过，她笑一笑说，“严父慈母，不好做……”我只好唯唯诺诺，加快脚步，我心里可是怪难过的，因为她有做好母亲的材料。诸位只要不闭着眼，这样的母亲是随处可以看到的。这是我想起说这个题目的最近原因。至于这个问题在我的心里存在，恐怕总有30年了。我曾经看过不少被“严父”或“慈母”牺牲的孩子。因为“严父”的观念作祟，有些家庭简直冷如冰窖，试问在没有温情的环境中，孩子怎能生长好？所谓“慈母”，却又一反父亲的态度，而且因为是一种大家推崇的反动，势必过火到有害的地步。于是孩子在这一冷一热中，仿佛害着恶性疟疾一样，只有丧心病狂的人，才会说这样的儿童是幸福的。

本来父母之道千头万绪，我是不配谈的。我不过就所知道、所想到的一点，讲给诸位做参考。我说“严父慈母”的观念，是开头就裁得不成样的衣服，我可以引一段书，表明这并不是新异得了不得的思想，非以“过激目之不可”。俞正燮在他的《癸巳存稿》卷四中，有一则《严父母义》，这样说：

> 慈者，父母之道也。《大学》云：“为人父，止于慈。”《礼运》云：“父慈子孝人之义也。父子笃，家之肥也。”《左传》晏子云：“父慈子孝，礼也。父慈而教，子孝而箴，礼之善物也。”……《孝经》云：“孝莫大于严父。……”又云：“以养父母日严。”又云：“祭时致其严。”皆谓子严其父母也。《表记》云：“母亲而不尊，父严而不亲。”此汉儒失言，于母则违严君父母及养父母日严之训，于父则违慈孝之谊，由误以古言严父为父自严恶，不知古人言严，皆谓敬之，《易》与《孝经》皆然。……

这段文章我觉得说得很好。从这我们可以看出，“严父”原是敬父的意思，并不要父亲做铁面的包公，或无情的阎罗王。父亲也是要和颜悦色，有情有理，才可以得到儿女真心的爱。"父慈子孝"原是很自然的。

中国关于父子的观念，有两个大错误：其一是父亲要有威严，所以处处要儿女畏如神明。其实用畏惧作基础，连权威也只是维持一点表面，爱是很难存在的。第二要儿女尽孝道。这简直是放债讨债，哪里谈得到什么天伦之乐。当作应尽的义务，孝是没有许多人实行的；就是实行的少数人，也往往不真不深，敷衍敷衍面子。建立在人情上的父子之爱，却就不同了。这种爱的关系是人生的一大幸福。

我说在错误的严父观念中没有真孝，至少很少有真孝，诸位中也许有人以为我的说法偏激、错误。其实这话再平庸不过了。我是向无高见的人，只用常识的眼光来看世事。今天早晨一个朋友告诉我，一个教育视察员从某地回来，发表谈话说，一切平静，并无学潮。这不是和"此地并无黄金三百两"一样吗？二十几年前，我的一位体育先生告诉我说，若是觉得身体的某一部分存在，便是某一部分有了问题了，在健康的情况下觉不到存在，我一直觉得这话很有道理。道学家宣传孝道越厉害，每有一点荒谬的孝行，例如割股，无害的孝行，例如怀橘，便大加宣扬，便是证明孝行是何等珍奇，何等少。很流行的二十四孝图，诸位大概是都看过的，卧冰求鲤，饱喂蚊虫，不知诸位怎样，我可办不到。这热心的宣传，我以为就是"并无学潮"式的谈话，表明要提倡的孝行，已经有了问题。自然的慈孝关系，像健康的身体一样，是不觉的，根据我所指出的那两种错误观念，可就建不起这样关系来。诸位想想，怀个把橘子老人家吃，还要被宣扬一番，人情岂不就淡薄得可以了吗？可是在父必严，子必孝的家庭中，这已经可以传为美谈了。

所以说父亲应当严厉是错误的，我们不能恭维“严父”。这样的父亲得不到子女的爱，他们的关系往往像路人一样隔膜。这是彼此剥夺整个幸福。子女从家庭中所得到的潜移默化的影响，比学校所能给予的还要重要，在这方面，做父亲的也应该担当一部分的工作。没有亲切和睦的关系，这种影响不会深入，所以就教育的意义说，严父已经将这种资格失掉了。

现在这种情形幸而好多了。若是诸位有怀橘的孝行，学校便发给一个奖状，大家一定要吃惊发笑。和情理的增加成正比，孝的标准也提高了。在受过新式教育的人中，严父的数目减少，不过有不少又变成了“慈母”，走到另外一个极端来了。

我们就放下老太爷不提，再来谈谈“慈母”。对于子女，母亲还要更重要，所以我的话也略多一点。我说我们应当将一向“慈母”的观念重新估价，不是主张像对待“严”一样，将“慈”也取消。绝不是。我以为慈爱对于孩子不仅好，而且是绝对的必要。我是要将慈母的观念弄清楚，并就现在的科学研究所给我们的指示，略说一说怎样的人才配得到我们的崇敬，才能做新时代的慈母。母亲的责任是重大的，神圣的，不能苟且从事。所以我们第一要将错误的观念铲除。

一向所谓慈，十分之九是超出了合理的爱，对儿童姑息的意思。爱是好的，姑息却是绝对的恶。惯坏的孩子还不如早死了父母幸福。我不是愿意说过火的话，因为受了过分姑息的孩子，在人的关系上很难适应，在任何环境中不仅自己不快乐，也往往将不幸加到别人身上。这样的孩子容易神经过敏，觉得人情冷淡，世俗刻薄，不如意的地方特别多。性情软的，处处觉得受人气。性情强的，处处给气别人受。一个朋友说我下不了地狱，可也上不了天国，要是人间充满了姑息坏了的孩子，教我怎样办呢？所以我将这个问题看得很严重。

现在我再来用点具体的事说明我的意思。以前多半因为人觉得婴儿期没有什么教育的重要，所以对它忽略。婴儿既然不懂什么理性，一切只好随着他。小猫似的闭着眼，哭起来是怪有点可怜的，女子的心肠又慈悲，再加上没有正确的知识，开始就走上姑息的路，几乎是无可避免。现在我们知道，婴儿期是最重要的，教育从降生的第一天便开始。婴儿期的教育便可以决定他的一生。在许多事情上，第一步都是最为重要。教育婴儿的第一步，是建立良好的习惯。

最初要养成的习惯是规律地食与睡。按时哺乳已经是现代育婴学第一个基本通则，可是在中国，不遵行的有百分之九十九。不仅对于婴儿柔嫩的肠胃有必要，对于养成其他习惯也是必备的基础。母亲是否要犯姑息的错误，这也是最好的试金石，抵抗号哭着要奶吃的婴儿，一个母亲需要很大的勇气。不过，天下的慈母们最好记住：往往在她们认为无关重要的行为上，她们便播下了不幸的种子。再说奶质好，有了专门大夫指定的食物，健康的孩子在睡眠中也微笑，世间若有比花更美的东西，便是这样的微笑。哭的时候自然也有，若不是因为身体的苦痛，对于他只有好处；哭是肺部的运动，稍大也运动他的腿和胳膊，在他的生长上很有必要。较大孩子的夜哭，若不是由于习惯坏，自然应当请教医生。

婴儿吃过便睡，渐大，醒的时候渐多，用摇篮和催眠歌原是中外同样的，现在这种办法已经被人家排弃了，不过我们大多数人还在用；这是不正当的办法。从最初起，就应当使睡眠成为当然的事，不需要任何的帮助，这个习惯的养成看来很简单，其实也需要很大的耐心和勇气。若是有一日姑息，唱一个小歌，第二日也许就要有摇床，第三回也许要开灯看着你唱和摇，以致睡眠成了顶麻烦苦恼的事情。我就知道有好些个孩子，非父母轮流抱着在屋里走不肯睡觉，使大人小孩的健康都受损，母亲不累死就算是幸事。这样的婴儿要求的注意越来越多，终于成了家庭的霸主，事事非听他不可。光只给父母添点麻烦倒也罢了，不过害处绝不止此。这样的孩子最容易自私，不体贴别人，要在以后的生活上克服这种性格上的弱点，他不知道要吃多少苦，何况克服不了的时候很多。

这点点道理自然很简单，可是受过很好教育的母亲也常常以为没有什么必要。她们只知道孩子在一天有些时候特别不乖，脾气好点的拼命侍候他，想尽种种的方法仍然无效，有时不免伤心流泪，以为孩子天生来的不好；脾气差点的，口头唠唠叨叨，讲些孩子全不理会的道理，不听话的习惯就慢慢养成了；脾气坏的就动手打，因此毁灭了儿童的自尊心，亲切的关系破坏，母亲能够教育子女的力量便这样断送了。原因很简单：孩子不是因为不能按时有食物，饿了，便是因为不能按时睡觉，累了。近代的研究指明，问题的儿童多半是因为营养不足或不当的缘故，睡眠和食物有分不开的关系，也是健康的要素。因为小慈悲或懒惰或无知，对于孩子这两方面姑息的，都是最大的残酷。自私，不听从合理的指导，没有自尊心，都是性格上很大的弱点。这些弱点都是老牌的“慈母”送给她们孩子的“恩物”。

还有养成姑息习惯的时候，便是孩子生了病。其实，食眠的习惯比健康时对于他还要重要。除了医生指定的改变之外，原有的规律，应当更严格地遵守。在这时表示过分的爱和因爱而起的焦虑是常见的现象，最好极力加以约束，不要一时摸摸头，一时摸摸手，一会吻吻，一会抱抱，影响他的静睡。集中一切使他健康恢复，不要在病中养成他过于自怜的感觉。这种感觉对于他的身心都不好。

和病有关的就是伤。跌倒流血在孩子原是常有的事。若是发生了，安安静静地敷点必要的药，重要的找医生，不要慌慌乱乱，小题大做。对于意外的应付，在孩子是一种很好的训练，不要将懦怯和畏惧在这时候向他心里灌注。自然应当避免的危险，是要替他或教他避免的。

对于自己的孩子们有偏爱，爱自己的孩子胜过爱别人的孩子，大概是很难避免的。往往有很明达的父母偏爱最长或最幼的孩子，将他惯坏，引起兄弟姊妹间的不和。我们那里的土话称最小的孩子为“老憨”，成问题的儿童特别多，和独生子女一样，那原因也不外乎姑息。和别人的孩子相处，因姑息而偏袒自己的孩子，已经普遍到几乎被人认为美德。情人的眼里既然出西施，母亲的眼里自然也出天使。不过，做母亲的人最好记住：天使堕落为魔鬼是以前有过的事，以后也还会有，全要看母亲对他们持个怎样的态度。受姑息过的孩子，在其他孩子中不是破坏团体，欺负弱小的孩子，便是跑着回去找妈妈哭喊告状，是最没有出息的。他们的母亲往往也最多是非，爱明争和暗斗，教不好孩子的。

小孩子是需要伴侣的，他们自有他们的正义，也有应付的方法，用不着大人操心的。不多时前两个母亲为孩子大起口角，一家关起门来不让一家孩子进，这家的母亲就滔滔不休，大给自己的孩子仗义。有仗义的母亲的孩子动不动就是哭，我想是未必幸福的，我若是母亲，我宁愿他多挨别的孩子几次打，学着少哭，以至于不哭。

在偏爱一个孩子的母亲，和对别的孩子偏袒自己孩子的母亲，一定自以为慈吧。其实，她们最残酷，因为她们使孩子成为嫉妒愤恨的对象，孩子从姑息的爱所得的，远不如他失去的多。不能和同辈适应的孩子以后在生活上所会遇到的困难和失败，我们是可以预料到的。世间不和谐的现象之普遍，我想这也该是一个重要的原因吧。

因为同伴是重要的，使孩子得到同伴的环境，所以也非注意不可。孟母三迁的故事是大家都知道的，这样的好例子，做母亲的应当学习。曾有一个时期，因为遗传过分被重视，很有人以为天性可以决定一切；现在我们承认环境占着同样的重要。将儿童放在良好的环境中，使他们有自己的生活，使他们从同辈学习团体生活所必具备的美德，比姑息偏爱，唯恐他们吃亏，处处加以保护，不知要好多少。同辈叫一声“不和你玩了”，是一种有力的、有益的制裁，许多母亲竟不知利用，在孩子哭着回来的时候，却安慰他，说别的孩子这不好，那不好。这样培养不成他们的是非观念，往往以非为是。这样护自己孩子的短，只足以使他们迁怒别人，变成令人厌恶的性格。

说到迁怒，有一样常见的错误，我也顺便提到。假如孩子碰了桌子，跌了一跤，做母亲的往往打打桌子，跺跺地，口里念念有词，说：你不好，打你，你不好，跺你。

这样的母亲真慈得可以了。可是她没有想到，她慈得过分，孩子在应有的慈善性上便不免要有欠缺，习惯过深，这样的孩子往往容易为幻想损害，对他人施用残酷。

我以上总说做母亲的往往“慈”得过火，其实还是太客气的说法，因为对于 ladies，我一向总是客气的。现在我要不客气一下了。有一句悲愤语，诸位大概都是听过多次的了：“自由，自由！多少罪恶假借你的名义行事！”我现在要模仿这句话说：“慈母，慈母，多少罪恶假借你的名义行事！”

做母亲的应当记住，小孩有他们自己的人格，自己的生活，母亲的责任是要教养他们慢慢独立起来，不应使他们总成为自己的附属物。从减少不必要的过分照料起，如教他们自己穿袜鞋，扣衣扣，洗脸刷牙，到能离开母亲，自己生活。说起来怪简单的，可是许多母亲先拿孩子作玩物，姑息着，总当他永远是孩子，觉得长大就没有趣味了。日子久了，这样的孩子就成了废物。诸位要睁开眼睛看看，会发现这样的大孩子惊人的多。这样姑息地爱着孩子的母亲，无形间就慢慢发生了占有心，嫉妒也就随着来了。婆媳的往往有仇，原因大半在这里。

我们那里有两句谚语：“山喜鹊，尾巴长，娶了媳妇忘了娘。”是以孝的名义责骂成婚的儿子忘恩的。其实明达的母亲应当知道，儿子爱媳妇胜过爱母亲，才是近情近理呢。罗素说，慷慨有时是变形的自私。过度慷慨的母爱，往往是遮掩起来的自私，我们不要受蒙蔽，盲目崇拜。

我说感情成为极端，会酿成很大的不幸，并不是凭空说话。事实是很有的。有一对夫妻，感情很好的，丈夫是独生子，很为母亲所宠爱，但妻子却为她所不容，终于离了婚。丈夫后来发了神经病。我想诸位也许知道这样的例子，不过有别样的解释，别样的看法。

我的话说得已经够多了，其实意思是很简单，很平庸的。我只是说明严父的观念是一种错误，父亲同子女保持和爱的关系，才可以在教育子女上发生良好的影响，彼此享受人生的一大幸福。母亲在教育子女上更占重要，一向的慈多半是姑息，对于孩子身心的发展都有很大的害处，是应当铲除的。这样姑息的母亲，不配得到“慈母”的荣耀。现代的慈母，要有丰富的生理学、心理学、医学、食物等的常识。她要有耐心，有勇气，以合情合理的态度，应付解决儿童的问题。她的爱是深的，但不仅是生物本有的爱，却是经过了科学的洗礼，有适当的知识和技术加以辅助。她不期望子女尽孝报恩，但是她所能得到的子女的爱，是传统的孝子、孝女做梦也想不到的。她在子女成人时，觉得完成了一件崇高的工作，这便是她所希望的最高的报酬了。这是新时代所需要的慈母，她才配得到我们最高的崇敬。

开头我说到一个人讲尼采的思想是一颗炸弹，在这个手榴弹横飞的时代，听起来恐怕是怪有点怕人的。所以我要特别声明，我的话只是纸弹，用别人扔下的废纸捏成的，毫无爆炸性。就是尼采也不尽扔炸弹的，所以我引用他的一句话，结束我这篇乱糟糟的讲演：

> 人必须在内心里还有浑噩，才可以产出一颗跳舞的星辰。

1945 年 12 月 14 日

漫谈食睡哲学，希腊悲剧，包公案，性别及其他

前些天我很荣幸，参加了一个盛大的典礼，行礼前吃了很好的饭。不幸我的习惯很不好，平常吃了粗茶淡饭之后，也非午睡不可，盛餐之后，更觉得有一睡的必要了。自然不能那么方便。天下少有极端的事，不幸中也可以有幸。有几篇很长的好讲演，我因为洗耳恭听，自然很安静，于是难免打了几个盹。这完全是吃得太好的关系，吃后总引起睡来，真是可叹。不过不会睡熟的，所以想起食睡哲学来了。想到希腊悲剧，也多少和正文有关，至于《包公案》等等，却是晚间回来休息时，自己的一点余兴了。

我热心午睡，说起来恐怕有20年以上的历史了，所以我还有资格说几句话。我说热心，也并不极端，大体以一小时为限。法国文艺复兴初期，有一个人文主义的学者，很好读书，有一天紧靠他书房跟前的厨房失了火，管家连忙跑来告诉他走开，因为火势是很凶的，他说，找太太去，我不管家事！接着还是看他的书。我也热心不到这样地步。不过，已经有了20多年历史，以后我还预备活三五十年，也不想改，大概也就勉强可以了吧。

莫看说来容易，这点小事也是费了一番艰苦才做到的。我以前是很崇拜孔夫子的，《论语》都“包过本”。所谓包本，对诸位或者还要加一句解释：一书读完，将全书一次背诵，用私塾的术语说，叫包本。诸位大概记得：“宰予昼寝，子曰：‘朽木不可雕也。’”既然包过本，很难忘掉的，那时候我还年青，“不可雕也”是不乐意的。我想，怎么好呢？

幸而想出了一点道理，不然恐怕未必还能在这里说话。我想孔夫子是曲阜人，是我们常说的山东大汉，身体一定是很结实的，他活了 73 岁，可以证明我的推想对。何况他又坐了马车，周游列国，总在阳光和空气里面呢。我自己怎么样？不是大汉，没有问题。一个大夫曾经警告我说，你不能病。我问他：病了怎样呢？他微微笑了笑。那意思诸位大概也明白。30 多年来，我总没有给他机会使他的预言实现，所以我们胜负未决；不过，结实我是不敢夸口的。至于坐马车到处跑，我觉得也倒很有趣，不过未必能讨到饭吃，所以我也办不到。因此我决定，就是在这一点点的小事上，孔夫子也使我望尘莫及，我若拼命追赶，只好送命完事。他根据了他的体力和生活所定的标准，对于我不适合，我只好违背至圣先师的教训，睡午觉。

说起来我真是不配教你们。一坏百坏，从此算无可收拾了。第一，我失去了对于权威的信心了。唉，真是一个苦恼！远不如引经据典，孔夫子怎么说，孟夫子怎么说，或者学贯中西，西哲某怎么说，洋大人怎么说，这样活下去舒服。第二，我失去了一手拿剑，一手拿经的勇气了。现在渐渐老起来，也不想对训导处贡献意见，将诸位分成睡午觉和不睡午觉的两派，非将其一开除不可了。地球在宇宙间虽然小得可笑，容纳两样人的地方是还有的。所以不午睡的人也不必听李夫子，请随便散步或写情书去，只是不要扰乱别人就是了。

食的问题，是这样想起来的。一个朋友近些天显得发了胖，许多人纷纷请教，是怎样胖起来的呢？吃怎样的营养品呢？可见现在胖起来，不，不瘦下去，就很不容易，所以大家都想发现一点秘诀。这位朋友大概是不愿宣布，只说，吃没有什么吃胖的。我不懂逻辑，意思大概是说：没有吃什么就胖了。这是怪有点玄的，是不是？

我就想一想。不一会我就将这个秘诀发现了。我要有什么秘诀，绝对不保留，不像他们对原子弹似的。例如前些时，我有一个学生写信来说，情人生疏了，怪苦恼。我立刻就将爱的秘诀传授了。比诗人威廉·勃莱克（William Blake）的高明。不过，他是男孩子，所以在诸位不适用。而且一经宣布，天下恐怕纠纷更多，不如保留的好，请诸位原谅。

且说发胖的秘诀。我想这位朋友是吃哲学吃胖的。诸位笑我荒谬，呀呀，请先等一等，再下断语。我所谓哲学，是对于人生，对于社会等等的一种看法。看法宽大的，心就不狭小，精神也容易健康愉快，身体也容易胖些。所以我要将我的意思换了话说，“心广体肥”，诸位一定会说，这有什么了不得，谁不知道！可是有许多事，表面看来都像我的秘诀一样荒谬，其实也未必尽然。最好想想再下断语，不然人家说二五，你因为听不惯，便说可笑，非坚持一十不可，那倒真有点可笑了。

说到吃哲学发胖，我要附带声明一句，我不是纯粹的唯心派，奉劝诸位吃空气过活。英国的约翰生（Samuel Johnson）是文坛一时之雄，虽然他没有第一流的著作。波司威尔（Boswell）在为他做的传记中，记述许多有趣的轶事。约翰生向他说，你要想常有朋友来破除寂寞，最好总预备些好茶点。他的话恐怕是很有点经验的。所谓 after dinner mood，酒余饭后的心情，比饿着肚子愉快，有这种心情，诸事比较容易解决。我恐怕也难免这种心情，虽然我绝不欢喜赴宴会。所以诸位将来成立了小家庭，自己显显本领做点好菜，我是有请必到。不过，我很反对极端和功利。中国人对于酒余饭后的心理，研究得太透彻，事事从这里求解决。这样的菜饭吃了也许长满脸横肉，也许因为过费心机，吃得骨瘦如柴，我奉劝诸位不要学着吃。太胖太瘦，都是不好看的。

在中国还有筵席，是用人的肉和血做成的。用礼教的名义做的，已经有先辈指明过，我现在所说的是另外一种。前年我从北平出来，在洛阳住了一时，正值豫灾惨重的时期。有一两次我沾光被小阔人请吃饭，讲究得很。一回有一个不识趣的人在杯觥交错的时候说，这一席是三个孩子的身价。当时卖孩子的很多，二百元一个，父母子女依依不舍的情形，到处都是。“吃人的筵席”，我觉得我就是陪同吃人的。报纸多次登载放赈，放赈，放赈。有一天果然兑了现，报纸都大登“灾民受惠不浅”。每一个灾民得大洋三元，在当时可以买一个半烧饼。这样的筵席有时也不易辨别，但我一觉得有人味的嫌疑时，莫说午睡，吃后往往连晚上也睡不了。我自笑我的胃口太不好了。

我的话扯得太远了，我原是只想说说笑话的。但是脱不了教书匠的习气，仿佛曾劝诸位不要将表面上荒谬的事情，一下就断定是荒谬，反过来说，堂皇的场面，不要一见就目眩，拜倒在地。

> Not all that glisters is gold.
>
> 发光的未必都是金子。

诗人的话，大体是没有错误的。

提到诗人，我常听人说，他们有 inspiration，灵感。我在恭听讲演时，倒也有了点灵感，先也还有点诗意，因为想到希腊的悲剧，以后却越想离诗越远。其实，我哪里懂什么希腊悲剧，哪里配谈希腊悲剧呢？这只是自贴广告，说穿了不值一笑。不过骗人失信是要不得的，我总得略点一下题。多数的希腊悲剧，都取材于通行的神话和传说，所以观众对于故事的演变和结果，事先是知情的。剧中的人物却不知道自己的命运，往往无意说出的话预兆着将来，对于观众满有意义。所以剧中人物所了解的是表面的意义，观众所了解的是话中的隐含的意义。这就是所谓 dramatic-irony，希腊悲剧是常用的。

我所以想到希腊悲剧的原因很简单：台上人所讲的是表面的意义，台下人所想的是隐含的意义，构成一种很好的 dramatic irony. 自然有两点不同：第一，讲演的人对于他话中的 irony，是自己心会的，希腊悲剧的人物却真正毫不理会。第二，听讲演的听众拿讲演人的表面意义和他的过去和现在的生活作对照，欣赏 dramatic irony，观剧的人们却拿演剧人的话和他将来的生活作对照，欣赏 dramatic irony. 剧中人不知道自己的将来，所以说出预兆的话，听众为他担心时，他并不害怕得脸色苍白。讲演的人未必知道听众心会的隐含意义，所以也并不面红耳赤。所以看戏是怪有趣的。

我来举一两个例子。曾犯贪污行为的人在台上大讲其廉洁，知道他过去和现在行为的听众，无异看希腊的悲剧，所以，再口是心非的讲演，也是值得恭听的。我曾听过一个国立大学校长大谈尊师，不惜反复训诲学生，尊师，尊师，还是尊师！可是他为捧官僚，宁可把学校的住宅留下来长期空着，教授却可以没有房子住。当时我因为还没有悟出这个道理，颇有点愤慨，现在想起来是怪可笑的。

上面我说到约翰生，仿佛他只欢喜吃好茶点似的，诸位要这样想，是错误了。此老心直口快，他认为小人的，他可以直呼不讳。可惜世间，特别在中国，这样的人太少，所以有许多堂皇的场面，不能被揭开，露出下面的卑污丑恶来。

要论堂皇的场面，当然以官场为最多，可惜我是乡下人，见识少，没有什么可谈的。报上看来，耳朵听来，都不能算是直接的报道，所谓 first hand information，所以官场现形记我无法为诸位述说。我现在动不动就讲到二十年前，三十年前，诸位都还没有出世的时候的事情，自己想起来怪好笑。不过“现时”，总是少谈的好，我又大概没有机会再和诸位谈话了，就请原谅我再说一次三十年前，二十年前的事。

三十多年前，我很爱读《包公案》。他有时听人告冤状，连鬼都帮他忙，我真佩服他是了不得的清官。当时自然也毫不奇怪冤状何以那么多，也不奇怪他为什么不遇到坏鬼捣他的乱。以后也偶然听到县官出访，乡间的老百姓有时在轿前叩头喊冤，县大老爷替他申冤报仇，做过一两次之后，往往到处都可以为他竖起德政碑。我那时想，用《包公案》作参考，作这样一位县大老爷也不坏。以后稍大一点，渐渐觉得要时常出访，也是太辛苦的生活，而且一生中间，也怕访不出许多有趣的案子来，官瘾就渐渐淡下去了。上中学后，听到什么“法治”之类的异端邪说，我的清官梦便烟消云散了。上中学的时代，对于一切还是看得容易，所以我想，我的梦一完，包公的时代也就过去了。哪知道不然的。20 多年前，在北洋军阀的时代，我有一个同乡，国民党党员，被捕下了狱。据说是罪当处死刑的，不过只被打了几个死去活来，等北洋军阀倒台被释放。审讯他的人依然走红运，继续做他的官，在筵席上他将审讯这位同乡的故事，当为美谈传说。他说，第一次要判决他死刑时，仿佛有一阵阴风吹过，他一惊，心想莫非有冤吗？没有判。第二次，阴风吹得他头疼，自然判刑也是延缓了的。第三次他决心非判不可了，阴风吹得自然更厉害。他一想，有冤无疑，决心先不判，等着托梦了。我的这位同乡因此活了命。以后在他手里送命的人还很多，因为时代终于改变，阴风大概是不再吹的了。

我想这位老爷一定也爱读《包公案》。

以后我也经历过更多惊险的场面，不过，不过，——我们不如就以不过了之吧。何况这种场面究竟不如堂皇的场面愉快，我们且离开官场，到别的方面找找去。

普通的堂皇场面，总捧出一面道德，正义，或公理的牌子。这样的牌子往往要骇倒人的，势力大得很。诸位稍稍留心，原是随时随地可以看到的，用不着我说。不过近在眼前，天天可以看到的东西，我们往往忽略过，看不到。例如，我几乎每天到校外去散步，可是一棵金黄叶子的白果树，一丛火红的秋叶，我经过朋友的指点才注意。还有我有一只用过几年的表，一个同事突然考问我，表面是罗马数字，还是阿拉伯数字。我想了想，结果还是答错了的。所以我还是给诸位举几个例。有一个学校的教授，用道德的牌子，反对一位女生的恋爱，自以为堂堂的公理，当然在他的掌握中无疑。他也许想找求发谗言的材料，竟偷看人家的私信，看其中有怎样的阴私。用这样卑劣手段支持的公理，在性别上是有问题的。自然，我所指的还不止这一类。最近《大公报》记载——我并无特别通信员报告，只看报纸的记事——四川大学发生了一点风波。有些学生发现别些学生的阴谋，搜出文件之类来了。阴谋是要不得的，公理显然在发觉的学生这一面。不过，发现阴谋，搜求文件的事，由学生来执行，我的见识少，在民主的国家，似乎还没有前例。我不免疑心，自然是不对的，这里的公理，性别恐怕也有问题。

我说公理的性别有问题，有些同学大概疑心我说胡话。学过法文的同学，也许以为是有关法文主词的阴性或阳性。要解释，又要回到20年以前去，真是没有法子。下不为例。

约在20年前，一个女学校发生风潮，有了对立的两派。有些名流学者为一派学生说话，口口声声说是拥护公理。有一位先辈，是专爱在堂皇的假面上捣窟窿的，说他们的公理不过是婆理。吃过一餐好饭之后，总要想些愉快的思想，才合卫生之道，所以我回来就想戏，想《包公案》，想这怪有意思的话。

我总不愿谈目前，不过，我想到那怪有意思的话，想到性别，却也另有一点近因。那天参加典礼前曾到镇上去，从《白沙简报》上看到璧山同性结婚的新闻，照例是要捧出道德的牌子骂几句的。我曾经同诸位略谈过这问题，在这里不想再说什么话。我只提到还没有完全忘记的，一点生物学的常识。动物在降生后的初期，性别是可以用人工改变决定的。将雄性的有些内分泌注射到雌性的身上去，雌的就渐变为雄的。使雄的有些内分泌停止，它就渐变为雌性。但是将雌性特有的内分泌注射到雄的身上去，却丝毫不发生作用。

从我对公理所说的话联想，诸位也许以为我是怪悲观的。其实不然。何以见得呢？我刚刚说过的这点生物学的常识，看起来很微细，却就使我怀着很大的希望。用阉割使天下完全成为清一色的婆理，自然很有可能，但大体说起来，只有三分之一的机会。用公理进攻婆理，婆理是要被消灭的。拿婆理和公理纠缠，不会发生什么效力。

我说是漫谈，总算还没有欺骗诸位，我谈的实在是漫无头绪。诸位老是听不清楚也难怪的。我近来觉得仿佛有点精神失常，说话往往毫无伦次。因此我总避免在外边散步，也不坐船，怕迷迷糊糊地落到水里去。不过，“天有不测风云，人有旦夕祸福”，万一我果然落到水里，诸位可认定了是我精神失常，万不可相信有水鬼。我们办的是最新式的教育，不准相信有水鬼的。

我的记性不甚好，仿佛记得开头讲到了吃饭。没有什么关系。我喜欢吃，我是还记得的。所以最后我有一点小小的请求：水里的生虾活鱼恐怕没有什么好吃，请诸位记住偶然给我扔下几个粽子去。

1944 年 5 月

附录

花鸟昆虫创造的奇境

这两天又翻读哈德生（W. H. Hudson）的《鸟与人》（*Birds and Man*），在第二章中他谈到，他听格雷（Edward Grey）在讲演中说，对于禽鸟的喜爱、欣赏和研究，比在许多人的二道手兴趣和习惯的娱乐中，有更新鲜、更欢快的乐趣；听着禽鸟的快感比其他任何欢乐都更为纯洁而持久。这几句话引起我颇为愉快的回忆。

在我故乡老屋的后面有一个池塘，塘中有个小小的土岛，这是我童年的仙乡。有时我站在塘岸看望游鱼和浮萍，一次一双翡翠鸟从水面急飞掠过，那电光似的一闪留下色彩悦目的印象，以后很久，多次我一闭目，这印象就在我的脑际浮现，仙乡似的景物清晰在望。同我一起惊看翡翠的有我童年初恋的少女，她的倩影当然也会一同出现。

在此后30多年，我在白沙女子师范学院教书，常在一条小溪岸上散步。一次看见一双翡翠鸟在水面一闪飞过，我不禁惊呼："翡翠！翡翠！"使游侣有些惊异。我闭目默默站了一会，童年的仙乡景物和伊人的倩影又在我的脑际浮现了。

在童年另一给我留下美好印象的鸟是黄鹂。看到听到这个鸟时，自然要联想到杜甫的诗句：“两个黄鹂鸣翠柳。”在抗日战争胜利后，我回到故乡，那仙乡似的池塘虽然不像童年时美丽了，但我站在塘岸看望，美的联想一点也没有遭到破坏，看望翡翠鸟时的幻美影像还多次浮现眼前。有一次，我突然听到黄鹂在不远的树上歌唱，那娇黄色的羽毛在透过树叶的日光下鲜艳夺目。父亲写春联的形象立刻在我的脑际出现了，因为父亲常写：“两个黄鹂鸣翠柳，一行白鹭上青天。”我虽然没有同父亲谈过，我想这两种在故乡常见的鸟，一定在他的视觉和听觉上留下过很美好的印象。

我这次回乡，一方面同一位朋友刚分手，一方面殷切期望着同还在异乡的妻稚欢聚，情绪是波动较大的。这次听到看到黄鹂时，印象自然同这时的心情分不开。这以后我没有再听到看到黄鹂，但偶一吟诵杜甫的诗句，那情景和心情会立刻再现，虽然时间过去已经二十年甚至三十年了。

还有一种童年常见的鸟就是鸽。鸽声叫起来也很令人愉快，但在我的记忆中留下美好印象的不是鸽鸣，而是高飞在空中的鸽尾的哨声。我童年放风筝时，表兄有时在上面加一个哨，那声音同这很相似。有一年冬，我在天津女师学院患重感冒，一直好不了，放假回到北京，住在当时还存在的未名社，一早醒来，天气晴朗，我听到云鸽的哨声，像仙乐一样给我以美的享受，童年放风筝的情景立刻在我的眼前出现了。感冒病倒不药自愈。

大雁是富于诗意和感情联想的，雁传书和鸽送信一为诗，一为真，我们对前者更为欣赏。听到雁嘹天，看到雁行飞过碧空，我总听到母亲亲切的声音，看到母亲慈祥的容貌，因为童年的回忆留下的印象太深了。在白沙我已经是中年人了，雁声和雁行引起同样亲切的感情波动，但对童年的印象只起相映成辉的作用，二者有时分别呈现，有时混为一体，但都类似海市蜃楼。

白鹭在我的故乡是比较少见的，在四川就颇多了。杜甫的诗写的是“一行白鹭”，似乎是群居的多。我在北碚时，每天沿着嘉陵江岸散步，一次黄昏时我的眼前呈现一幅极美的画图，一次清早一只白鸟从碧空飞过，我当时就口占一绝：

曾记温泉晚渡头，
斜阳帆影恋碧流。
今朝白鹤腾空去，
不负此番万里游。

因为只有一只白鸟，我的知识有限，又没有切近观察，我就假定那只白鸟是鹤了。鹤也罢，白鹭也罢，这幅美景图，在我闭目长眠之前是不会消失的了。

我的家虽然在一个小镇上，同农村并不隔离，倒是鸡犬相闻的。也许有人以为鸡犬之声不会引起什么美的联想吧，那就大错特错了。从童年起，鸡鸣犬吠都使我深深感到农村入夜安静得可爱，使我对“鸟鸣山更幽”多一层体会。以后长期住在城市里，总惋惜听不见这两种声音。1926年我回故乡省母，它们唤起许多童年回想，使我感到很大的安慰。我在白沙时写过一首长诗，有句云：“鸡鸣频频忆故村”，是当时的真情实感。

抗日战争胜利后一年多，我才有机会沿着视为畏途的川陕公路坐长途汽车回乡。第一天到达一个小村的小旅店过夜。天将破晓时，醒来听到鸡鸣，周围死般沉静。月色窥窗，似乎在致黎明的问候。“鸡声茅店月”——这诗的意境在我的心上留下永不磨灭的印记，这瞬间的生活我认为是最幸福的了，只有死亡才能泯灭它。旅途的万苦千辛统统可以忘怀了。

有时候视觉和嗅觉联合起来，留下的印象就更鲜明难忘，时时闪现在我们的心头。妻同我都很爱夜来香。新婚后，一次坐在小院里乘凉，旁边有一盆夜来香，我们目不转睛看着它。花朵突然放苞，清香扑鼻，我们相视微笑。虽然前年我们才买到一盆夜来香，想一温旧梦而终于失望，但我们只要一提起或想到这个花名，旧时的情景就会像一幅美妙画图呈现在我们眼前，人生难免的一些小小烦恼也就烟消云散了。

哈德生说：我们偏爱一种花，因为这种花与我们的快乐童年或早年生活有亲切的联系。这种联系使一种花成为花中之王，有微妙的魅力，只要见到它或嗅到它，就可以在我们的脑子里唤起美丽的幻象。这使我想起童年看到乳燕在菊丛飞舞，携情侣踏雪寻梅的往事，我在《初恋》中写过，在这里就不重述了。

在白沙，一次迈步经过一段峡谷，走上一座小山，看到竹枝上一只小鸟（大概是画眉），头对夕阳歌唱。“白云生处有人家”，但我们未见到人，只闻微风吹送来的水仙香味，鸟语花香结合，留下永不磨灭的美妙印象，在鸟语花香的环境中，虽然花鸟不同，这幅图景总会浮现在眼前脑际。

除鸟之外，我很喜爱两种昆虫——蟋蟀和知了。蟋蟀的弹琴声，我觉得比人工的乐声更为悦耳。它能唤起多少我童年的愉快回忆呵！它同我童年小友的欢笑声分不开。它使我会突然听到初恋情人银铃般的笑语。除在白沙偶然听到一两次，这美妙的弹琴声我多年都没有听到过了。但“轻柔的声音化为乌有，音乐还在记忆中颤抖”。

在天津这样喧闹的城市中生活多年，这样的经验就比较少了。我不像哈德生一样，对城市生活怀着那样深的憎恶，因为我不能像他一样，觉得在旷野荒原，只要能最亲近地投入大自然的怀抱，并不必听到“君喉歌宛转”，就可以“旷野即天堂”。他既然可以同莪默异趣，我也不必勉强和他求同了。

但是物以稀为贵，我在天津的一次经验特别为我所珍惜。我同妻定情之后，有时我们到海河岸上散步闲坐。一次夏季月夜，我们在树荫下坐看海河上的帆船缓缓行驶，船头白浪在月光中闪闪发亮，忽然一阵蝉声，我们像倾听音乐一样沉醉。抗战后期我在白沙，一次蝉声就为我复活了这幻象，使我的乡愁倍增。今年已到初秋天气了，我意外听到小园里一阵蝉鸣，上言的情景立刻浮现在我的眼前了。与此同时，我也听到了纺织娘，但却未引起丰富优美的联想。

哈德生说，假如我们有一种习惯，在一切地方看到美，看到美的东西能够欣赏，一切消逝景物的无限形象宝藏，就是我们的最好最亲的所有物，是常青的欢乐——是储藏在我们内心里的阳光。

1984 年 12 月 13 日晚

同青年朋友谈谈我的青年时期

我年轻的时候读过一篇文章，《假如我再做大学一年级学生》，大意是说他想要怎样安排自己的生活和学习，以获得最大的益处和成就。这篇文章对我有些帮助，就是我因此想了想如何安排自己的生活和学习。但是帮助不大，因为他的理想同我大不相同，我的生活和学习多半靠客观环境决定，而环境是很不利的。我想，我首先要靠主观努力，才可以争取到生活和学习的条件，这在那时候要比现在艰苦多了。

我的家庭人口众多，几乎只靠父亲一人经营小商业维持，真是家无隔夜粮，地无半寸土。我勉强从八岁开始，在一处私塾寄读，小学成立时转入小学。连读本都是由父亲抄写，没有什么学费，所以读毕业了。

我的家乡霍邱县，同其他七个县，属于阜阳，那里有个第三师范学校是公费，管伙食住宿。这是我唯一可以入得起的学校，连川资每学期三五元钱就可以了。父亲让我进这个学校，第一次就考取了。我想成绩所以较好，与私塾小学的语文教学很有关系。教师讲得十分生动清楚，听的人自然很有兴趣，学的积极性自然很高。那时读的都是文言文，讲清楚后，一要求朗读，用一种颇为特殊的声调，我觉得比现在一般朗诵好听多了。二要求背诵。我认为朗读和背诵都是很好的。还有一点最有益处，就是从塾师起，鼓励我们课外自己阅读小说。塾师教我从《三国演义》开始，一读就兴趣很浓，真是废寝忘食。读完《西游记》《水浒》《今古奇观》等之后，就读《红楼梦》《西厢记》。乡间书少，幸而门前有个卖书租书的老头儿，对我很客气，很愿借书给我看，什么《七侠五义》《济公传》等等，读起来也津津有味，不肯释手。这些课外的自由阅读，对我很有好处，特别是养成了爱读书的习惯。

五四运动是在 1919 年 5 月发生的，我 9 月到阜阳第三师范时，那里已经受到影响了。文学革命开始还要早些，所以一开学，学生就有文言和白话两派，但对立还不很显著。李何林和韦丛芜比我迟去一年，比我早一年的有陈素白，我们志同道合，赞成白话，拥护新文化，新文学。那时阜阳很落后，完全没有卖新杂志和报纸的地方，我们几个人凑点钱去订购，记得有《新青年》《少年中国》，有副刊《学灯》的《时事新报》，有副刊《觉悟》的《民国日报》。新书凭广告去邮购，有时很上当。教师几乎全反对白话文，所以我们求新知识的活动完全是自发自觉的。

我觉得“自觉”对青年很重要，但也不要排除适当的指导，有机会时也不要放过。我有一些小学同学在武昌读书，从通信知道，他们有一位很好的热心教导青年的教师——在中华大学附中教书的恽代英先生。我写信向他讨教一些问题，他很快复了一封长信，主要教导我们要了解中国历史，特别是中国思想发展史；读书的范围要广泛些，不要只限于文艺，社会科学和自然科学的书都应该读。为解决我们买书的困难，他说可以向他们所办的利群书社去购买，不仅可以八折，不合适的书还可以退换。这封信给了我们很大的鼓舞，可惜信早在兵灾中丢失了。

我上三师第三年，陈素白和韦丛芜都病了，住进疗养室，这是正常的规定，我一人护理他们，常常不能上课，更不用说别的活动了。学期快结束时，他们总算好了，这时有些同乡常来看看，当然不免欢笑。有一天晚饭后，突然钟声大作，有人通知我去开会，原来是对我声讨，说我们“霸占疗养室，阴谋要将洪水猛兽引进三师”。那时所谓“洪水猛兽”就是“共产共妻的共产主义”的代词。这倒是太恭维我们了，我们对此连一知半解还谈不上。发言的只有一个刘某，无人响应。多年后我们曾在北平相遇，听别人说，他已经做了国民党的特务；但我无法也无兴趣去核实。韦丛芜和我愤然退了学。我们当时不是，以后也不是参加实际革命斗争的战士。我当时的兴趣与志愿是小学教育。

对我那样处境的青年说，失学是一大不幸；但我一点也不悲观失望，真正处之泰然。我的父亲丝毫没有责难我。

那时我们从要去苏俄的韦素园得到一些共产主义宣传品，连我父亲读过也不觉得有什么不好。这对于我是很大的鼓励与安慰。但是眼前有一个实际要解决的读书问题，父亲为此很费思索，有点感到苦恼。但是他为我讲解了《孟子》里的几句话，使我受到很大的启发：

> 天将降大任于斯人也，必先苦其心志，劳其筋骨，饿其体肤，空乏其身，行拂乱其所为，所以动心忍性，增益其所不能。……

我为这样教诲，很感谢我的父亲。

三师的生活很艰苦，伙食费还要被剥削。学生每周打一次“牙祭”，一人可以吃到一片薄薄的米粉肉，一碗黄豆芽汤煮面，我多年不忘它们的鲜美味道。我想这就是青春的魅力吧——它将生活诗化了，美化了，留下些甜美愉快的回忆。这并不是伪化捏造，这是大自然惠赠给人的礼物，不知珍惜，对过去一些艰苦或不如意的事情还在记忆中怨天尤人，顾影自怜，那就免不了笨伯之讥了。

我父亲的教诲和我自己的这点体会，似乎还可以供青年同志们参考。

我的身体很瘦弱，引起不少人的关怀。体育老师王益恭技术极好，也是个和蔼可亲的人，受他的影响，我积极参加体育锻炼，打八段锦拳，做柔软操，也玩球类。我在不同的时期总坚持不同形式的体育锻炼，就是这时候打下的基础。我离开三师后就和这位老师失去了联系，我至今觉得是一大憾事。

我从三师带回一本简写的《天方夜谭》，一本简单的英汉字典。我查字典硬读，居然看懂故事的梗概，真是别开一个天地，比《三国演义》等还引我入迷。我决心自学英文，读文学书，从这里开始，虽然我对小学教育还并未淡漠。

当然，学外国语能有很好的教师，有多听的条件，自自然然循序渐进学习最好；但是我那时并没有这样条件，我觉得自学达到畅利阅读并非难事，只要肯切实用一年功，多数人都可以办到。

韦丛芜的大哥在安庆做教育工作。我1922年春天到安庆，师范学校公费，学生有地区限制，转不成，中学自费，入不起。那时到处军阀专横，兵即是匪，即举二事，就够令人寒心。学生为教育无经费和平请愿，军阀开枪打伤些人，打死一人，虽然抬着血衣游行，也只是叫几声，空走一趟。紧靠城外，一个女校被军队强奸，自杀的人很多，社会默然无声。在这样环境中，个人失学也就算不了什么大事了。韦丛芜和我受五四运动和文学革命影响，虽然对反帝还不甚了解，对反封建倒很热心，我们为此办了一个周刊《微光》，主要写些反封建的文字，我也写过些首小诗。我们悲观，但不绝望，我们努力探求人生的意义与价值，但并未参加实际革命斗争。当然，那时共产党成立不久，我们也无法接触，得不到组织领导。我们只纸上谈兵，读些能得到的宣传文字。

韦丛芜的大哥组织了一个商品陈列所，商务印书馆在那里设了一个售书处，我做义务的小店伙替他们卖书，因此颇有机会读到些新书刊。我想，一个青年处境无论怎样不好，若是自觉努力，总可以找到时间和机会自学点什么。时间越少，机会越难得，就越有价值，利用好了，就越有收获。

我在安庆练习冷水浴，一直到水面结了碎小的冰屑，我也没有停止。可惜以后到北方没有坚持。

1923 年春，因为韦素园苦劝，我和他同阵到北京读书。川资是从故乡的亲戚借的，还有一个小学同学倾囊相助。春季没有什么学校可入，便借助字典自学英文，秋季才入了崇实中学。自学期间和入学费用全靠自己想法了。外文还很半瓶醋，可用的只有一支笔，我便编译点短文投寄报纸，居然被刊登了，每千字得五角钱。一上来学校功课很吃力，稿费也不是总来得很顺利。记得有一次春节后，实在山穷水尽了，对于北方的天气也不了解，一时觉得还暖，便把唯一可当的大衣当了几元钱。这以后 3 个月出不了门。我们以后只作为谈笑的资料，并不以为苦。我想这也是青春的魅力发生作用吧。

我虽然还坚持体操锻炼，身体依然瘦弱，有大夫预言我活不到四十岁。但是另一方面又有传言，说韦丛芜和我是出席过全国网球赛的选手。体育教师不相信我们的解释，我们表演一番出出丑，传言才平息了。

1924 年暑假前，我得到一本《往星中》的英译本，读了很喜欢，便想将它试译出来，素园有这本书的原文，他也鼓励我一试。我利用暑假译完，很想向鲁迅先生请教。我的小学同学张目寒是先生的学生，由他将译稿送去。先生很快就看了，并因此建议成立未名社，印行青年人的译著。我得到先生的鼓励与教导，是我一生最大的幸福。

1925 年在崇实毕业后，我上了燕京大学，和韦丛芜同住一屋。他患肺结核，那时迷信新鲜空气，严冬也开窗睡觉，终夜寒风拂面，我倒也并未感冒过，可见严格锻炼很有用处。二年后我就休学边办未名社，边在孔德学校教书，因为韦素园已经病倒了。从这时起，除教书外，兼从事译著，一直如此。1928 年因为出版我译的一本书，未名社被查封，我被捕关了 50 天。燕大不准我复学，我也不想再上，不能再上，因为只有我可以接办未名社了。教书几乎拿不到工资，在未名社是尽义务，几年就债台高筑了。韦丛芜又开始走入歧途，时时闹些无聊纠纷，我看未名社是没有什么希望的了。这时我到孔德学院教书，一边译《被侮辱与损害的》，得稿酬 1600 元，一半给大家庭维持生活，一半作为存社版税，代素园还了从未名社的借款。我的心里轻松多了。

经李何林和朱肇洛介绍，我1930年秋到天津河北女子师范学院任英语系主任。我自觉很难胜任，基础功太差，只有拼命努力，边教边学。第一二年无暇译作，以后经鲁迅先生督促，利用部分时间和寒暑假期译书。现在回顾起来，我用于切切实实打好基础，系统学点专门学问的时间，被译书占去的太多，结果两方面都没有做到好处。一有机会，我就劝勉青年莫学我的办法，就是为这个缘故。

我的身体仍然瘦弱，工作也比较繁重，但是我能坚持劳逸结合，坚持体育锻炼，在女师院时及在以后，每天必午睡后散步，也喜欢划船。即使在严冬，每晚工作后，我必在户外快走20分钟，直到全身凉透，然后洗脸漱口才睡觉。我几十年中几乎没有生过病，与这种生活习惯很有关系。

1937年抗日战争开始，我的青年时期也就结束了。

我在文章开始时提到一篇文章，那是“事后诸葛亮”，自然也可供参考，但总不如当代人所写的青年时期的回忆亲切，作为借鉴更有用处。因此，我也滥竽充数，写一篇这样的文字。

1983年5月23日

忆鲁迅先生

1924年冬天的一个下午，被一位熟朋友领着，我静静地走到北京西城偏僻的一角，到鲁迅先生的住处。一扣门，便被让进去，因为来访是事先约定的。不大的四合院里种着几棵小小的树，一点声音没有，静寂得有如古寺。上边居中的一间房分成两段，我们走进靠里的一间小屋。一位留着短短的胡须，上身穿着灰色毛线衣，裤脚扎着腿带的人从书桌跟前站起来。不用介绍，从额角和那炯炯有光的眼，我便知道这就是我所景仰的鲁迅先生了。

在阜阳的师范学校读书时，每月有一件难以忘却的事，这便是《新青年》的寄到。拆开来第一先看看有否鲁迅先生的文字，对于卷首的大议论倒并不热切地想要拜读。以后先生常有译著的零篇发表，这些都最深切地引起我对于文学的嗜好，同时对于作者的好奇心，也随着增加起来了：我愿望见这样的人物。这是很自然的。但那时候觉得这希望很是邈远，因为我实在说不清离北京有多少路，也没有想出究竟怎么可以走到的方法。

1923年到北京读书时，鲁迅先生的文学活动正蓬蓬勃勃，我的要瞻仰瞻仰先生风采的心倒冷却一些了。我是从乡间初来的人，生怕一种叫作“架子”的怪物，听说城里人多半都有这样一条“守门狗”，我想鲁迅先生大概也是不能例外的了。但是以后从间接的听闻得知鲁迅先生并不是凛然可畏的人物，颇欢喜和青年人谈天说笑；可是我不完全相信这样的话。

1924年7月我译了《往星中》，过些时，领我的那位熟朋友便拿给鲁迅先生看去，因为先生常向他说太少见青年人的译作。我想这译稿不进纸篓，也得放在那里吃一二年尘土吧；不料只过了十几天，那位朋友便告诉我说，译稿不仅看过，并且记出一点有待商酌的地方，留待有机会面谈一下了。这是一种意外的喜悦，也就是约定去访鲁迅先生的缘由。

我们所进的那一间屋真可以说是“斗室”。后墙上部全是玻璃窗，外面是一个小小的院落，有几棵稀疏的小树；窗下是一张木板床，虽然不宽，却几乎占去了屋里四分之一的地方，我就被让坐在这张床上。右手是一张茶几，两张木椅；左手便是先生著作的书桌，先生就转过桌前的椅子，在书桌跟前坐下来。

这屋里的一切和先生的衣服被都有一种乡里的朴实味，谈话又毫无虚套立刻开始，我心里很泰然，觉得和我对谈的是一个诚诚恳恳的人，绝不是有一点架子的作家。从他的脸上可以看出他所经历的人生经验是何等深刻，他谈话时的两眼显然表示着他的观察是何等周密和锐敏。听到不以为然的事情时，他的眉头一皱，从这你也不难看出他能感到怎样的悲愤。笑话是常有的，但却不是令人笑笑开心的笑话，那里面总隐藏着严肃和讽刺。他的谈锋和笔锋一样，随时有一针见血的地方，使听者觉得这是痛快不过的谈吐。这是鲁迅先生所给我的最初的印象，在以后的接谈中除了他有时偏于抑郁，有时偏于愉快外，我觉得没有什么大改变。

鲁迅先生是不断吸烟的，所以这间小屋里早就充满了浓盛的烟了。看出我是怕烟的，他便笑着说，这不免太受委屈，随即要去打开窗子。我说不怕的，也就趁谈话有一段落，起来告辞，因为怕久坐耽搁他的工作。他说，既不怕，那就无妨再坐一时了。所以第一次的访问经过的时间颇长久，送我们走时他还叮嘱常去谈天。

和他谈天是一种愉快的经验，我们看着他的心和机智自然地活动，比读文章更多一种亲切感；所以这以后，我们两三个熟朋友总隔几天去访他一次。先生是健谈的，往往一谈几点钟毫无倦容，我们也不到夜深不愿走。有时我们知道他的写作都在夜晚，稍谈些时便勉强要告辞，但他说他唯一的休息和消遣便是谈谈天，我们若有闲暇，在他是并无妨碍的，我们自然乐于再坐下去。先生是爱吃糖食和小花生的，也常常用这些来款客；有一回随吃随添了多次，他的谈兴还正浓，我料想两种所存的不多，便笑着说，吃完就走。他说，好的，便随手拿出一个没有打开的大糖盒。这以后，有一回打开盛花生的铁盒时，里面适逢空无所有，他笑着说，这次只好权演一回空城计了。

所谈的话现在一点也记不起来了，我觉得是非常可惜的事。只记得有一次问起他怎样写作，他详细地说了说他作小说的经验。他说偶然有一点想头时，不先急急忙忙就写，遇到或想到可写的人物特性时，也是如此。这样零碎的想头在心里慢慢融化，觉得人物有了生命，这才将段片的拼凑成整篇的东西。全篇写就以后，才细看哪些地方要增删。最后还注意到字句自然的韵调，有读起来觉得不合适的字眼，再加以更换。他又说，他的文章里找不出两样东西，一是恋爱，一是自然；在要用一点自然的时候，他不欢喜大段的描写，总是拖出月亮来用一用罢了。

关于骂人，记得也常谈到，他说一见到虚伪，卑污，和其他令人作呕的世态时，心里的悲愤便觉得非吐不快。有些个人代表一种世态，骂他并不出于私怨，只是借此批一批社会的嘴巴罢了；社会是冥顽的，先生常叹息着说。在这样的谈话中，你亲切地觉得有一颗炽热的心在。

每次谈话之后，我都觉得有一种爽快之感，仿佛给清晨的凉风吹拂了一样。深夜走出先生的住处时，那偏僻的小巷里早就没有人声人影了，他总望我们走远了才进去。北京的冬夜有时是极可爱的，在那静寂的街道上步行着，先生的声音和容貌还萦绕在脑际，这印象永远不会磨灭！

先生离京南去时，我们感到莫大的惆怅。现在先生长逝了，我的悲痛怎样深切地唤醒这珍贵的记忆呵！

鲁迅先生对年青人的诚恳态度，从译稿的看改和几次的谈话已经使我深信无疑了，所以以后偶有写作也寄给他去，我知道他是不会笑年青人幼稚的。在收到我的一篇题作《生活》的小说时，他立即回信道：

> ……我略改了几个字，都是无关紧要的。可是，结束一句说，这喊声里似乎有着双关的意义。我以为这“双关”二字，将全篇的意义说得太清楚了，所有蕴蓄，有被其打破之虑。我想将它改作“含着别样”或“含着几样”，后一个比较的好，但也总不觉得恰好。这一点关系较大些，所以要问问你的意思，以为怎样？
>
> 1925 年 5 月 17 日

先生对一个初学写作的人竟这样周到，实在令人感愧。以后送去自己和别人的写作时，常常觉得是一种可笑的唐突，也诚实说出自己的所感，但先生总说，哪有一生下便长成的人呢？说到我们译文的生硬，先生总比喻说，能有不先涩苦的果实吗？遇有实在费解的地方，他总另用小纸条注记，夹在译稿里面，等见到时商酌。《黑假面人》的人物译名，几乎全给先生改正了，他笑着解释说，以中国的名姓译外国人的名字也许在懒惰的读者看着很顺眼，但在译者是绝对不可以的。但是译名是可以随意写上几个字的吗？这里却也需要一点斟酌！长体和扁体的字要间杂起来，一律长体或扁体是不好看的。

这使我想起他在1927年剪寄给我的一篇社论，在所骂的“中国的学者”中有一位邓南遮。在这篇大论后面先生写着：“这是1927年（注意：20世纪已经过了四分之一以上！）6月9日香港《循环日报》的社论。硬拉D'annunzio入籍而骂之，真是无妄之灾。然而硬将外人名字译成中国式的人们，亦与有罪焉。我们在中国谈什么文艺呢！呜呼邓南遮！”更有附注说：“但该报发如此之‘新’的议论，是少有的。前几天转载严修们反对跳舞的信，还有许多空白字。你想，严先生之文而还以为有违碍字样，方正可知。”

注意可笑的事物确是鲁迅先生的一种特性，我想这也就是他的讽刺所以深刻而多方面的缘故。有一回他寄给我大概也是香港出版的一种报纸，上面登着“征求爸爸”的广告，看了令人笑倒。现今的报纸上认贼作父的事情尽多，慧心的读者随时可以遇到这样的材料，我想不必再多举什么例子了。

未名社的成立是1925年的事。那时《往星中》的译稿已经放在他那里不少时了，他常常想到出版这本书的问题，虽然我们并不敢认为这译稿有什么印行的价值。对于普通以销售为标准的出版家，先生是极端憎恶的，也不愿和他们有什么交涉。因此，有了自己印书的意思了。这是毫没有什么宏愿的，只是先生对几个青年的一点鼓励，使他们能勤勤恳恳地努力，增加些文学的趣味罢了。

初成立的未名社，是设在北京大学第一院对面一个公寓里的，实际就是素园的一间小小的住屋。先生在北大上课后常常到那里去谈天，偶然也就遇便吃饭，有过经验的人大概都知道北京学生公寓的饭是怎样的吧，然而先生只愿照样吃，添点菜（哪里有好菜）便极为不安。问到上课觉得有兴趣吗？先生总常谦说，哪配教什么呢，不过很欢喜年青人，他们也还没有讨厌自己，所以一点钟是还乐于去教的。讨厌？听过先生讲台上谈吐的，谁会忘记那样的喜悦！

这一年也是《语丝》最有生命的时期，继《新青年》之后最为一般喜爱文艺的青年所期待的，怕就是这个小型的刊物了吧，至少我是这样想。先生和启明先生的文章使这个小刊物有一种特殊的风味，是许多其他的刊物怎样也模拟不了的。他们的文章都有自己人格的印记，深为一般青年人所喜爱。鲁迅先生的笔锋怎样使“正人君子”们头疼，在这里是无须多说的了。

这时期先生除教书，作教育部的事，并不断译作外，也忙些校阅印稿的琐细事。先生的译著印行时，总亲自校阅，也有些这样的小经验，喜欢向我们述说，例如莫使一行的顶上一格有无所属的标点符号，便是其中之一。经他说过后，看别家印的书籍上有这样缺点时，便觉得非常不顺眼，经我校过两次的印稿，他往往发现还有错误，有些不服气，我总想在他所校的印稿中找出偶一疏忽的地方来，但成功的时候却绝少。谈起来，他故意自傲地笑着说，你看，年岁和经验倒是有些用处的了！

记述这样琐事时，我感到深切的悲哀！有一次我去访他时，见他的神色很不好，问起来，他并不介意地答道：昨夜校长虹的稿子，吐了血。我的心立刻沉下去，几乎流了泪。以后他再也没有提起过，但那片刻所留的悲伤印象，哪里能磨灭？先生的贵重生命，竟这样毁灭了一部分！

常有人责难先生助长了有些青年人的狂妄，其实这哪能由先生去负责？在他们露出狗尾巴时，先生不惜去痛踢他们一脚，以这样算作有笑话可看的人们，可曾设身处地想一想这种经验是怎样滋味吗？然而先生还继续爱护青年人，为他们卖别人所不肯出的苦力，因而加速了自己的死亡。在这样崇高的人格前面，我们是只有俯首的。

鲁迅先生欢喜革新，是始终一致的。他在《未名丛刊》里印行的《苏俄文艺论战》，大概是新文艺理论中最早的一本了吧。然而人常说，他是随着别人足迹跑的。十多年前，高尔基这名字在中国还很生疏；但那时先生便以他的作品翻译太少为惜，常常向我们提起来。现在是，正如最后一次相见时先生所说，连官报也大印高尔基的像作号召了。

“空头文学家”之多，常常使先生叹息，所以有遗言中那样沉痛的警戒。不过，这样的话似乎是以少说为佳的，我还是记述一点琐细吧。

在小小的事情上，先生也往往喜欢和人异趣。记得有一回他指着《出了象牙之塔》里面六号字的小标题，问我是不是很新颖，自己说，这是他第一次试用的。书店的广告先生也不欢喜，往往自己动笔老老实实写几句。看完我自己拟的一个广告，他说，好的，看了这样广告来买书的读者，该不会骂我们使他上当的；因为，那个广告实在“生硬”得可以。不使读者上当，这是先生常常用以警戒未名社的话。先在期刊上发表又行集印成书的，如《君山》和《朝花夕拾》，对于再行买书的期刊的订阅者，先生嘱咐都只收一点印刷的成本，人少或竟送给。我以为从这样一点小小的事，也不难窥见先生著作的良心。

书面的装潢，也是鲁迅先生首先注意到的。对于书店的随意污损画家的原稿，或印刷时改变了颜色，他都很为愤慨。在一封寄给我的信中，先生有几句话这样说：“《坟》的封面画，自己想不出，今天写信托陶元庆君去了。……近来我对于他有些难于开口，因为他所作的画，有时竟印得不成样子，这回《彷徨》在上海再版。颜色都不对了，这在他看来，就如别人将我们的文章改得不通一样。”（1925 年 11 月 8 日）一次为遗漏了作书面人的名字，先生特为写信到未名社嘱咐另印一页，加装进去。

因为鲁迅先生所树的敌非常多，有些人常常以为他有一种难与相处的坏脾气。这对于先生的性格，我认为是一种误解。和先生相处稍久的人都会觉得他是极富感情，感觉极为锐敏，对人很能体贴的人，就因为感觉锐敏，所以不免多疑，这是先生自己也并不否认的；但若得到坦然的解释，他也立刻就可以释然于怀。在先生离开北京的几年中，因为路远和传言，他对于未名社的事情也颇多误会，往往爽爽快快写信来诘责；然而一明真相，他就一如往昔。我们感觉惭愧，无以对先生的是：经过许多的摧残和波折，我们的贡献远不如他的所期。在我们今年4月最后一次晤谈时，先生愉快地谈到未名社，说到现在还很有人怀念它的存在，我觉得是一种很大的安慰。不料为时不过数月，先生就和我们永别！

先生的长逝，使我不能不联想到素园的死和未名社的解体，而觉得这种损失，对我是一种更痛切的悲哀。记得1929年5月先生回北京时，一见便问我们怎样去看素园，过两天我们便一同到很远的他养病的地方去。在畅谈了几点钟之后，素园才想起几次让请先生吸烟，他都摇头说不吸了，是为避免使病室里有烟味，不是真的戒绝；再三说了对自己无碍，先生才走出病室，站得远远地急忙吸完了一支纸烟。这是小事，是的；然而小事里正可以见体贴。先生对素园说，对于北京的朋友是常常怀念的。在接素园逝世的消息时，他深以不能再图欢晤为哀。素园逝后，有些令我们悲愤的事件，我和先生几次晤谈时，他都绝口不提，因我提而偶一谈到，他也只有伤感，绝无讽刺，这种动人的体贴，不是高贵的性格是不会具有的。

在这次回北京时，我还记得有一件小事，可见先生连细微的小节也未尝不注意。在要将几本书分送给人时，谈到一位女孩，我们说已经出嫁了，先生笑着说，那就以不送为妥了。

因为先生是富于感情的，所以往往因失望而悲愤，对于丑恶的世态和不悦意的人物都痛加攻击。这是先生所乐为的吗？不的，他不能自已。这样磨灭了生命，先生常常深为惋惜。在这次回北京，和我前今两年在上海和他晤谈时，他都含着深的悲哀向我说：这使我的灵魂粗起来！先生说完这话之后总沉默多时，向前定睛凝视，这时你不难看出他心里的经过是怎样的。我永远不能忘记这样悲伤的面影！

坏脾气，自找苦吃，也许有人这样说。是的，我们福气。我们没有那样的感觉，那样的感情：我们是有福了！我们用不着发这样的悲叹：这使我的灵魂粗起来！

先生是乐于助人的，尤其是对于受社会迫害的人。无地容身的F君的眷属，听说多时寄居在先生的家里。最后相见时，我们谈起深为我们怀念的F君，先生自己并不提这件事，却只说到他的诚实。讽刺着当时的“革命文学家”对于自己的攻击，先生故作庄重地向F君说，你们来到时，我要逃亡，因为首先要杀的恐怕是我。F君连忙摇头摆手说：那弗会，那弗会！笑声在耳，先生却已长逝！

受迫害而毫无生计的人，先生往往让抄编一点他自己的文章，拿去代为换些稿费。选编他的杂感集的，听说就是一位死于非命的战士。

然而对于挂羊头卖狗肉的“革命文学家”，先生是深恶痛绝的。在寄给素园的一封信中，有着这样的话：

> 上海去年嚷了一阵革命文学，由我看来，那些作品，其实都是小资产阶级观念的产物，有些则简直是军阀脑子。今年大约要改嚷恋爱文学了，已有“惟爱丛书”预告出现，“美的书店”（张竞生的）也又开张，恐怕要发生若干小 Sanin 罢，但自然仍挂革命家的招牌。
>
> 我以为所谓恋爱，是只有不革命的恋爱的。革命的爱在大众，于性正如对于食物一样，再不会缠绵悱恻；但一时的选择，是有的罢。读众愿看这些，而不肯研究别的理论，很不好。大约仍是聊作消遣罢了。
>
> （1931 年）4 月 7 日

“革命的爱在大众”一语，可以概括先生近些年的精神和活动，也是发动他思想的原动力。在这里，我想只摘录几句信，以见先生对于新的文艺的信心：“中国的做人虽然很难，我的敌人（鬼鬼祟祟的）也太多，但我若存在一日，终当为文艺尽力，试看新的文艺和在压制者保护之下的狗屁文艺，谁先成为烟埃。并希兄也好好地保养，早日痊愈，无论如何，将来总归是我们的。”（1931 年 2 月 2 日，寄素园）

说到助人，还有一件我愿意记述的事。因为想换取自己的学费，我想将所译的《黑假面人》卖出去。素园在寄给先生的信中顺便提了一下，先生于是回信说：“《黑假面人》费了如许功夫，我想卖掉也不合算。……未名社之立脚点，一在出版多，二在出版的书可靠。倘出版物少，亦觉无聊。所以此书仍不如自己印。霁野寒假后不知需款若干，可通知我，我当于 1 月 10 日以前将此款寄出，20 日左右便可到北京，作为借给他的。俟《黑假面人》印成，卖去，除掉付印之本钱后，然后再以收来的钱还我就好了。”（1926 年 12 月 5 日）

几经还付，先生总不肯，因为那本书的印成既迟，卖去又慢，收回印刷的成本更是渺茫无期的。“一·二八”战役时有先生受难的流言传到北方来，我到北京的寓所探询消息时才将这百元还付了，而先生却写信来表示感谢！

一生战斗，在思想界有了这样深远的影响，而且唤醒了“无声的中国”，先生却向不曾以领袖自居，而持着非常谦逊的态度。记得 1927 年瑞典的 S 先生对中国的新文学很感兴趣，想托已故的 L 先生和他的朋友们选译鲁迅先生的作品，送给管理诺贝尔文学奖金的委员会，S先生以为是很有希望的。他们托T君写信去征询同意时，先生回信说，就作品言，自己是不配的，《小约翰》那样的作品自己万作不出，而望蔼覃并未得奖金，若凭一张黄脸皮，则又不是自己所愿。

和先生接谈过的人都知道他的谈话中有一种特殊的机智和风趣，是很值得记载的；先生的生活若好好地写起来，对于世人也可以有无限的教益。先生不欢喜有传记，从他的最后一次谈话中我是知道的；然而我觉得很是可惜，所以北来写信时仍然提起，并且说以最有机会听录先生谈话的广平女士写作最适宜。先生的回信却是这样的谦虚："我是不写自传也不热心于别人给我作传的，因为一生太平凡，倘使这样的也可做传，那么，中国一下子可以有四万万部传记，真将塞破图书馆。我有许多小小的想头和言语，时时随风而逝，固然似乎可惜，但其实，亦不过小事情而已。"（1936年5月8日）

然而细想起来，先生的传记也是并不必要的；他的全部著作也就是他的传记，因为那些真都是他"以生命写成的文章"。

先生写作之勤，常常使我们惊骇、忧虑，因为我们知道他近几年的健康远不如前，而他又不肯休息。1934年的夏天见到先生时，他的形容很憔悴，谈起来，知道他不能安居。这以后偶然的来信中也常有病老之感，每读到都只能徒自叹息。今年4月见到先生时，知道大病新愈，劝到休息时，他总只摇摇头，叹声气罢了，先生也谈到些动他悲愤的事，深叹这些使自己的灵魂粗起来。离开先生的寓所时，我的心里含着难言的悲哀。我觉得我们不配有这样伟大的人。

先生生前常哀“无声的中国”，也就对这样的中国，献给了自己的全部生命。从先生的死看来，中国多少是有声的了；这声是鲁迅先生的创造。愿这声不会随着鲁迅先生的死而消沉！

“吃的是草，挤的是奶”，先生这样譬喻他的一生。愿费了这样贵重牺牲挤出的奶，——吸进民族的生命里去！

“革命的爱在大众”。先生长逝了，先生的爱却永远存在。大众应当常常记住怎样才配接受先生的爱。

1936年11月11日，天津

鲁迅先生的风度

——在《青年报》和青年文工团纪念晚会上演讲

今天晚上，我们在这里纪念鲁迅先生 13 周年忌日，我们的心里大概都怀着一种希望，要多了解鲁迅先生的思想和精神，以便拿他作我们自己的榜样。这个希望是很好的：我们应当不仅纪念鲁迅先生，还要学鲁迅先生。关于鲁迅先生的战斗精神，关于鲁迅先生的爱与憎，我已经在别处说过几句话了。现在我再就他的风度，来向大家说几句话。

这可以分几方面来说。第一先说鲁迅先生的生活。他的生活是很勤苦，很朴素的。他的家庭是个破落的中等人家，他从小的生活就很艰苦。他幼年的时候，父亲常常害病，可是没有钱买药，所以常常要到当铺去当东西。治病的大夫开的药引，往往是很古怪的，例如原配对的蟋蟀，所以找起来也很辛苦。这样的幼年生活，使鲁迅先生练成了一生吃苦耐劳的习惯。

我和鲁迅先生认识，是在 1924 年。那时候他在教育部作佥事，算是不小的京官了，还在大学里教点书。今天的《天津日报》上登了鲁迅先生故居的照相，那时候他就是住在那里的。有一间被人叫作“老虎尾巴”的小屋，是他的书房和卧室。他写文章和读书时，坐一个藤椅。睡的是木板搭的床，盖的是布被。客少时也坐在这屋里，没有沙发，只有两张木椅，中间的茶几可以放放茶杯。穿的是布衣，冬天外面罩一件旧外套，我看至少穿过10年了。帽子也旧得很，记得有一次问他，他说也记不清戴了几年了。这就是当时已经名震全国的大作家的外表。

鲁迅先生在上海时，已经成为名闻世界的作家了，可是他的生活依然是朴素的。书房里安一个桌灯，他认为是奢侈。客厅里也没有沙发椅。衣服穿得也还是马马虎虎。有一次他去回看一个访过他的外国作家，阔旅馆里的开电梯的人员，几乎不愿把他开到楼上去，只是打量他的衣服。等到那个外国作家恭恭敬敬地陪送鲁迅先生从电梯下去的时候，开电梯的人才觉得惊讶，恭敬起来了。

第二，再说说鲁迅先生的做人态度。他是爱护孩子的，因为他觉得小孩子是将来的希望。在他的小说《狂人日记》中，他对中国的旧封建思想猛力攻击；可是他发出一个有力的喊声："救救孩子！"他不光说一句空话，他觉得中国太缺乏儿童文学，所以他翻译爱罗先珂的童话，翻译《小约翰》《小彼得》和《表》。

他是爱护青年的。他为许多青年改校过稿子，有问题问到他，他一定详尽的回答。学生作爱国运动时，他总是爱护他们的。北京的"三·一八"惨案发生后，他更痛恨当时的官僚政客，用大无畏的精神加以攻击。结果黑名单上有了名字，丢了饭碗，不得不走出北京了。可是他以后战斗得更厉害，并站在无产阶级的立场，影响着广大的青年群众，培养并教育了许多革命的战士。因为他自己是一个战士，所以他对于从事革命运动的战友，爱得也更为热烈。反动派对他的迫害无论怎样凶，他一点也不畏惧屈服；所以毛主席赞扬他是骨头最硬的。

另一方面，鲁迅先生是主张打落水狗的。落水狗就是被我们打败了的敌人，像国民党反动派和帝国主义。鲁迅先生主张，对落水狗不能怜惜，非打到他死了，不足为害了才罢手。鲁迅先生发表了这篇主张打落水狗的文章之后，林语堂还画了一张鲁迅先生打落水狗的画。这样，我们知道鲁迅先生对于站在光明方面的朋友热烈的爱；对于站在黑暗方面的敌人，却拿打落水狗的态度去对待。

第三，我再就鲁迅先生做事方面说一说。鲁迅先生做事是脚踏实地的，负责任的。陈源教授看了林语堂那张画后，在骂鲁迅先生的文章中，说画上的鲁迅简直就是一个官僚；他当时不是在做着官吗？可是鲁迅先生做事一点官僚作风也没有，比许许多多并不做官的人好得万万倍。他做事常从远处着眼，可是也以认真的态度从小处下手。我拿两件相离很久的事来作例。鲁迅先生留学日本回来后，在浙江两级师范做事。他提倡种树，别人都笑他傻；因为树要十年才长成，那些人却主张“当一天和尚撞一天钟”。鲁迅先生提起这件事时，却说，只要给我当一天和尚，钟我总要撞，而且用力地撞，认真地撞。

在北京，他和几个青年设立了一个未名社。他的著作都亲自校三次至四次，几乎一个错字都没有。书的封皮也请人或自己设计，连颜色的浓淡都一丝不苟。广告也是自己动手写，平平实实，毫不欺骗读者。

这些是小事，但小事这样，大事更可知了。

第四，我们看看鲁迅先生读书是什么态度。他的读书可以说是眼到、心到、手到。他不仅看，还想，还抄；所以他在学问上能有那样的成就。他校嵇康的集子，下了很细心的功夫，用了可能找到的所有版本。《小说旧闻钞》和《唐家传奇集》都是编《中国小说史略》读书时钞集的材料。《会稽郡故书杂集》和《古小说钩沉》都可以看到他的眼到手到的功夫。

第五，我们再看看鲁迅先生著作的态度。他著作时是非常审慎的，一点也不草率从事。他的《中国小说史略》是多年研究的结果，是拓荒的作品，到现在还没有一本书能胜过它。可是陈源教授先暗暗影射这本书是“整大本的剽窃”，又在一封公开信里明说鲁迅先生的“《中国小说史略》，却就是根据日本人盐谷温的《支那文学概论讲话》里面的‘小说’一部分”。当时许多读者不明真相，都急于要看鲁迅先生对于陈源教授加给他的罪状，要怎样辩解。鲁迅先生笔战向无敌手，有许多读者疑心他这一回恐怕要败北了。我记得在《不是信》这篇答辩文章印出前去访问鲁迅先生，他说原想将盐谷温这部分书翻译出来，让读者们去客观地明了真相；可是觉得不值得费这样多精力，所以只说明二十八篇中只有第二篇，还有论《红楼梦》的几点是根据那本书的，但他的次序和意见却很不同。其余二十六篇他都有独立的准备。这与抄袭毫无相干，造谣者只是诽谤而已。文学史的工作他是念念不忘的，但是他说，可以让别人去完成这个不朽的大业吧，我还是去写点教授学者所不齿的杂文。

鲁迅先生在日本的声望很高，所以常常有日本人去访他。有些是虚心向他请教的，有些只为要得到见过鲁迅先生的荣耀；也偶有无聊的俗物或势利的帝国主义崇拜者。记不得哪一年，他谈过这样的一个故事。有一个在朝鲜住过不少年的日本人去访他，鲁迅先生因为很关怀被日帝所奴役的朝鲜人民的情形，所以总询问民间的一切，自然多半得不到中肯的答话。那个日本人装作仿佛惋惜的口气说，朝鲜人民大概是没有什么大希望了，因为有个颇为普通的风气，表示他们是既无斗志，又是很懒惰的：许多人爱养鸟，常常捧着鸟笼，在外面一坐半天或甚至一整天。鲁迅先生以为这个日本人是闭着眼，或至多用一只眼看事的，没有答他什么话。

过一会，这个日本人又拿日本的情形和中国作起比较来了。我们知道，鲁迅先生不仅不对祖国护短，并极力批评本国的短处，对于别人的批评也是很乐听的。可是这个日本人对于朝鲜人民的态度，鲁迅先生是不以为然的，所以他对中国的批评，鲁迅先生知道也不会出于善意。他说日本人的住房每天都要用水刷洗，所以整洁，比较起来，中国的住房是不干净的。若不出于那样日本人的口，这话本来谁也可以承认；但是因他批评朝鲜人民时所表现的自大和民族优越感，就使这本属平常的话着了令人厌恶的颜色。鲁迅先生回答他说：我们把鸟笼刷洗得干干净净，住屋呢，取其明朗高大，屋角里偶有点蜘蛛网之类，是不放在眼里的。鸟笼的比喻，是讥嘲日本人矜夸自己的住屋。

富于战斗精神的鲁迅先生，在人格方面有三个显著的特色。第一，他的爱与憎不仅分明，而且深刻。他憎的对象是代表黑暗的，和人民为敌的一切反动势力。他对于他们的讽刺是刻毒的，对于他们的攻击是无情的。有人说，没有深的憎恨，就不能战胜敌人。鲁迅先生反对中庸和温和，对于做了落水狗的敌人也主张再打，也就是这个道理。

可是对于向黑暗战斗的战士，他却怀着无限的热爱。他对瞿秋白先生的友爱，是大家都知道的。在瞿秋白死难以后，鲁迅先生费了许多心力搜集他的遗著，编为《海上述林》来纪念他。任国帧先生有一本小说译稿存在鲁迅先生那里，原是约定要当面校改过再印行的，因为鲁迅先生认为有这个必要；哪知任先生因为工作离开，这件事一直没有做好。后来任先生死难了，鲁迅先生沉痛地向我说起这件事，并要我用英文校看一回，因为译的时期较早，我们决定不印行。好多年后，鲁迅先生提起这件憾事还耿耿于心，痛恨反动派对于任先生的杀害。许多其他青年战士的丧生，也在他心里引起无限悲愤。柔石先生死难后，鲁迅先生写了一首挽诗，沉痛到使人每每流泪：

惯于长夜过春时，
携妇将雏鬓有丝。
梦里依稀慈母泪，
城头变幻大王旗。
忍看朋辈成新鬼，
怒向刀丛觅小诗。
吟罢低眉无写处，
月光如水照夕夜。

有希望，想走向光明的青年得到鲁迅先生帮助的例子，更是不胜枚举。

第二，鲁迅先生一点没有个人英雄主义的色彩，态度是极度诚恳谦虚的。他早年的著述有时不署自己的名字，就可以看出这一个特色。谢却别人代为谋取诺贝尔奖金，说自己还写不出叫《小约翰》那样的作品，态度也是很率真的。我记得有一次在上海访他，当时有人将他比作中国的高尔基，谈话时海婴顽皮地指着鲁迅先生说，“中国的高尔基呀！”鲁迅先生用手轻轻拍拍海婴的前额说：“莫听他们胡说，我哪里配!”那态度是极为慈爱，天真，诚实的，绝不是装出的谦虚。当时桌上有一盘糖，鲁迅先生给了海婴几块，笑着对我说，“他的目的在这里!”

第三，鲁迅先生是不脱离现实的，所以他能脚踏实地，精神永远年青进取。在中国近代思想的演进中，他所以总能站在前进的行列，一生从事不断的、英勇的战斗，就是为了这个缘故。在创作方面，鲁迅先生也是不脱离现实。我在这里可以提一个小故事。鲁迅先生的第一个小说集《呐喊》出版后，轰动的情形是空前未有的。鲁迅先生的母亲读了后向人说，书里的人并没有什么出奇，多半是她都有些熟悉的。可见他的创作真是“从群众中来”。上面我曾说到有人提起《阿Q正传》在农民间发生的解放作用，也可见他的作品能够“回到群众中去”。

爱憎分明，持谦虚态度永远向前进步，从不脱离现实的鲁迅先生，是以战士的姿态出现的，他也将以战斗的姿态永远留在我们的心里。

1949年10月19日

1992年2月10日修改

漫谈文学因缘，兼为书友招魂

前些天吴泰昌同志来谈天，谈到学习兴趣问题，他问我为什么学习文学呢？我突然想到“千里姻缘一线牵”这句话，觉得这倒是个恰当的比喻。我上私塾读了点书之后，塾师鼓励我读《三国演义》之类的小说，虽然也喜欢，却并未引起要读文学的兴趣。

1919 年秋季，我到阜阳第三师范学校去读书，虽然很喜欢看《新青年》《少年中国》《觉悟》和《学灯》等报刊，特别爱读文学作品，我倒并没有要学文学的意思，我的兴趣集中在儿童教育。1921 年冬天，学校一次小风波迫使我退学了，回到更为闭塞的故乡小镇，只有寥寥几本书可读，其中有一本是商务印书馆出版的用英文编写的《天方夜谭》，大概原是莱恩（Lane）的译文。我靠翻字典勉强可以读懂故事，但我却进入了一个新的天地！四十大盗、神灯、神毯……在梦中也难忘怀。我对这本书真是“一见钟情”。我决心学英文、学文学是从这个时候开始的。

《天方夜谭》从此是我念念不忘的书。以后知道它卷数很多，欲窥《一千零一夜》的全豹，很不容易。1929 年秋季，我到北京孔德学院教书，才第一次见到《一千零一夜》精装全译本。仿佛又见到离别多年的情侣，那喜悦是很难形容的。可惜我当时忙于别事，只挤出时间看了两卷，以后就同这套书永别了。前年听一个朋友说，当年管理图书的人还健在，但这套书和其他许多书现在都不知下落了，我觉得怅然若有所失。

占有欲是不是人的本能，我说不清。不过我很愿自己能买一套《一千零一夜》精装全译本，即使当衣服（假如我当衣服能换出书价）也乐意。我想人是不妨建些空中楼阁的，即使它很快就会烟消云散；何况有时竟会变为现实呢？

这座空中楼阁在我的脑子里存在了好几年。1935 年秋季，我在伦敦旧书摊上居然遇到了它，随即用每本一英镑的高价（共 12 册）买下来了。这是伯顿（Richard Burton）的译本，精装的巨册。我们知道，他的译文是完全没有删略的，因为他相信他在书端所引的阿拉伯谚语：“对于纯洁的人，一切事物都是纯洁的。”但是他的夫人坚持删去“不雅”的部分才准印行，所以我的译本是不完全的，不过也够珍贵的了。在抗日时期不得不卖书买柴米油盐的时候，妻也没有舍得将它卖掉，存在天津，也居然没有被日军的炮火所毁，我们觉得十分值得庆幸。

真是“天有不测风雨”，突然来了十年浩劫。我的家被抄多次，书籍等等被抄走了，其中自然也有这《一千零一夜》。我很怕它无踪无影，但我想弄得七零八落，还不如全部落到一个知道珍惜它的人手中。哪知搬来弄去，我先得回来三本，其余的毫无踪影了。我不禁叹惜，但强自安慰：情人可以反目，朋友可以生疏，书虽为老友，究竟是身外之物，可悲的事很多都可以成为过去，何必介意区区。我仿佛已经淡忘了，不意几月后有一天我大为惊喜，有位朋友告诉我说，在一个工宣队工人用过的柜子里发现几本《一千零一夜》，一定就是我的。我去一看，果然是的！但查来找去只有五本，还差一至四册。当时以为向用柜子的人追问不便，也就不了了之了。

风云变化多端，要想的事太多，我也渐渐把这件小事淡忘了。不意几年后有一天，一个不相识的朋友给我寄来一本杂志，里面不仅有我一篇文章，还有寄我的空信封，因此她将杂志按地址寄给我了。我很感谢她，我们相识了，谈天时，知道我很怀念失去的书友，她特意跑了多次旧书店，希望能把它找出来。虽然画饼充饥不能果腹，画饼的盛意却是很能给人精神安慰。

为了弥补十年浩劫所造成的损失于万一，党和政府费了很大力气整理归还被抄的东西，我的书籍大部分失而复得，这是很值得感谢的。可惜的是，《一千零一夜》还身首异处，残骸还时时引起我的惋惜。我想大风浪既已成为历史的过去，小小的涟漪也就不值得耿耿于怀了。不料余波还没有完全过去，前几天又要我填写一种表格，调查还缺少什么东西，可以提供线索进行追查。这种严肃认真的精神很可钦佩，因此我也一定认真对待，不把这种事看成是海底捞月。谁知道呢，也许“踏破铁鞋无觅处，得来全不费工夫”哩。我怀着希望，为书友招魂：“魂兮归来！”

假如《一千零一夜》是我的初恋情人，我也还有几位老朋友同时遭了浩劫；我既为她招了魂，我也不能将他们完全忘却。在失去的书大部分退还时，我发现书后都将汉译书名写上了，因此知道整理的人并不是外行。我未能收回的书中，竟有两本绝版书，一本著者签名的书，它们的失踪不能不引起我的关怀和好奇。好什么奇，我且不说也罢。

我谈谈同这几位老朋友结交的经过，也就略略可以说明我关怀的缘故了。

1935 年秋天，我在伦敦去参观每年一度的书市。这里常有名作家讲演，若在市上买到什么书而碰巧遇到作者，可以请他们在书上签名留念。我有一次遇到罗素讲演，我买了他的《悠闲礼赞》（*In Praise of Idleness*），他微笑着为我签了名。他到过中国，对我国颇有好感，显然他看出我是中国青年。他就要讲演了，我们并没有谈话。他随便谈谈几本书，极有风趣。我们知道，英国两所名大学剑桥和牛津常常争风斗胜，划船是著名的一例。我还记得，罗素是剑桥人，他在讲演中挖苦了牛津人一句，引起哄堂大笑。当然这只是善意的幽默，英国人多有这个特点。罗素谈到罗伯特·伯顿（Robert Button）的《忧郁的解剖》（*The Anatomy of Melancholy*），说他有一次到学术中心牛津一家书店去买这本名著，书店老板一本正经地对他说："我们不卖教科书！"

因为这本名著是约翰生（Samuel Johnson）常常终夜阅读不肯放手的书，也是兰姆（Charles Lamb）的爱读书之一，听讲之后，我也到旧书店去买了有很多注释的精装本子。

这两本书得来有巧合的因缘，也许因为这个缘故，他们相率弃我而去。伯顿多年前被妻"割爱换油盐"，罗素也有了新交了。不过，我是忠于友谊的，我对他们还怀着殷切的怀念呵！

《对女儿的忠告》（*The Lady's New Year's Gift*, *or*, *Advise to a Daughter*）是哈利法克斯（Lord Halifax）写的书信体散文，很为批评家所称道，但是早已绝版了。我在伦敦旧书摊上居然遇到一本，古香古色的旧装本，从索价看，已经可以算是小古董了。我还是付一周费用的代价把它买下了。确实读起来是亲切可喜，温暖人心的好文章。若是它的新交真是能欣赏和煦阳光似的内容，而不是贪图古香古色的外表，那我就觉得十分欣慰了。

我原来是并不专攻文学，喜欢随兴胡乱读点杂著的人。旧时东安市场的旧书摊上，有时可以意外碰到几本好书，所以得闲也去走一走。不易买到的绝版书《香园》（*The Perfumed Garden*）就是从那里得到的。这是一本道学家讨厌的闲书，我只希望它的新主人是个心地纯洁的人，不但不厌弃它，还可以从其中吸取一点人生的智慧。

话原是从为什么学文学谈起来的，现在却离题千里了，就再谈一件小事，回到原题吧。大约在 1924 年，一个朋友想选译一本爱情抒情诗，约我在阅读时也注意选译若干首。我从北京大学图书馆借到威廉·夏普（William Sharp）选编的《爱尔兰歌谣集》（*Irish Minstrelsy*）。我很喜爱这本书，引起我爱读抒情诗的持久不衰的兴趣。我从中选译了一些首，记得只发表了《他年的梦》一篇，但想不起在什么报刊了，托几个人也没有查找出。抄写几首译稿的练习本也早已不知去向了。但最可惜的，我几年后再向北京大学图书馆借阅这本书时，已经有目无书，稍后一点，连书名卡片也没有了。也许人都有一种脾气，对于喜爱的事物，若近在手边或会渐渐淡漠，远不可企就怀念殷切，一旦“上穷碧落下黄泉，两处茫茫皆不见”，那就不免感慨系之了。1935 年，我在伦敦和巴黎的旧书摊上都留心寻找这本书，结果是失望。我曾向伦敦和东京的旧书出售店打听，复信说没有。前年我还顺便托一个朋友再查一下北大书目，承他函告，在威廉·夏普名下的只有一本书，还不知他是否是同一夏普。看来我只好拿我所喜爱的雪莱的两行诗自慰了：

轻柔的声音化为乌有，
音乐还在记忆中颤抖。

我上大学入的是中国文学系，并不是因为我特别喜好，却是因为可以多点课余时间，阅读点愿读的外国文学书，并译点文章换取学费和生活费。不过对古典诗词虽然所读甚少，却很感兴趣，我既没有想专门研究，也没有时间浏览。1938 年秋，我到北平辅仁大学教书，步行 10 分钟就可以到家，午饭前约有 20 分钟休息。那时候虽不力壮，总还年青，觉得悠然白坐也无必要，就拿些古典诗词放在案头，随兴读几首，真是觉得其乐无穷。1944 年，我到白沙教书，很有点时间读书了，书却寥寥。幸而唐及以前的诗有两个总集，也有《全宋词》，我觉得是够幸运的了。我一点没有做研究工作，也不懂文艺理论和批评，所以不会评长论短，只为一个青年朋友选录些我喜爱的抒情诗，题为《芳词》，作为赠别的纪念品。我也写了一份词选目录，也只是凭了个人的喜好。但是抗日战争胜利结束，“奇文共欣赏”已经没有必要和可能，我也不想抄录自娱了。这些在浩劫中随风飘散，但是我的素人的喜悦和联想，却是

零落成泥碾作尘，
只有香如故！

1980 年 12 月 20 日

浅谈写作

——在南开大学外文系写作班的讲话

同学们：

教你们写作课的谷剩瑞老师约我和你们见见面，我很高兴地答应了。他又要求我对你们谈谈，大概是想让我讲点写作的秘诀吧，我可就很有点迟疑了。因为我确实没有什么秘诀，若是有，我写的文章就不全只有很少人阅读了。

有了几岁年纪，长篇巨著一般都无力阅读了，只还读读中国古典诗词，字数少，随时可以放下，对我比较合适。虽然没有得到什么秘诀，却受到一些启发，作为冒牌的秘诀，给你们讲讲，或者你们还不至厌听吧。

宋朝大词人辛弃疾写过这样一首词：

> 少年不识愁滋味，爱上层楼；爱上层楼，为赋新词强说愁。
>
> 而今识尽愁滋味，欲说还休；欲说还休，却道天凉好个秋。

这首词我觉得很有意味。我们知道，生活是一切文艺的源泉，只有深入到生活中去观察体会，等到有真情实感的时候，动笔写出来的作品才能有成功的可能。所以“为赋新词强说愁”是万不可以的。

辛弃疾主战收复失地，为主和苟安的人所忌恨，在一些时候，他知道矛盾中的愁滋味，却又不敢明言，只好欲说还休。只能说天凉好个秋了。你们可以真话实说，不必只说今天天气哈哈了。

有真情实感时，真话实说，姑且作为秘诀的第一点吧。

诗人杜甫有两句诗是大家时常听到的：

读书破万卷，
下笔如有神。

极言多多读书作为借鉴的必要。前些时读到一篇文章，说五四时期的作家、翻译家，除译著外，都有渊博的学术专长，可以自成一家，现在似乎疏忽了这一点。我看这话说得很好。多读中外名著作为借鉴，可以说是写作的基本功，十分必要，万万不能忽略。我有两位名师，鲁迅和恽代英，教导我，读书不应只限于文艺，也要读些社会科学和科技方面的，我因为这话很有道理，现在也传授给你们吧。可见我大公无私，并不保留什么秘诀。但写作时有两件事要特别注意。一是万万不可犯抄袭的毛病。近来报刊时有揭发这种弊端的。我并不是不相信大家，顺便提一下，希望不要见怪。另一件是关于模仿。英国作家史蒂文森为提高写作能力，有意模仿别人的作品，作为练习。有人认为这种模仿对他很有好处，也有人认为这样做有损于他文章的风格。

我在小学读书时，吟读熟过多篇古文，教师总鼓励我模仿文章的格调，有时作文还因此得到赞赏。但鲁迅先生教导我，可以从借鉴的作品得到启发，但一定不可以模仿。我现在认为鲁迅先生的意见是对的。

多读中外名著作为借鉴，但不模仿，可以算作写作秘诀的第二点吧。

历代王朝有种科举制度，就是考试诗文，考取的可以给官做。读书人对此像现在考大学，考留学一样热心。在接近考期的时候，朱庆余进谒张籍，送上自己的诗，意在请他在考场之外，看看他的才华。同时附上这样一首诗：

洞房昨夜停红烛，
待晓堂前拜舅姑。
妆罢低声问夫婿：
画眉深浅入时无？

这首表面是写新嫁娘的诗，实际是想问问张籍，自己的诗艺如何。

诗对我们的启发，就是写作要像妇女画眉一样，美益求美，精益求精，不怕下功夫推敲修改。

鲁迅先生的文章写得很出色，一次也许是想偷取一点秘诀，我问问他怎样写作。他说下笔之前先构思，把全篇大体想好，然后不起草稿，下笔一挥而就。写完后看两三遍，改少数字，还要读读听声音如何。可见鲁迅先生写作也是精益求精的。

写作不能草草率率，要精益求精，可以算是秘诀的第三点吧。

在生活中有了真情实感，有许多名著作借鉴，精益求精地写出了作品，要发表也是人之常情嘛。可是好点的编辑还会退稿并提点意见，坏的编辑干脆置之不理。这也不必灰心丧气。你们多数人大概读过《简·爱》，作者夏绿特·布朗蒂所写的第一部小说是《教师》，一位法国批评家对它评价很高。但是《教师》被六个出版家拒绝刊出，等作者以《简·爱》得名后，这本书才有出版的机会。你们的作品得不到发表的机会，也许是编辑错了，也许是他们对了。只要能坚持以上所说的所谓秘诀三点，我相信你们是终于会成功的。

鲁迅先生还说到，对于青年作家，有两种危险：打杀和捧杀。打杀，就是有些所谓批评家，对于初出茅庐的作家吹毛求疵，提出十分苛刻的责难，使他们不敢再动笔。捧杀，就是见到青年作家写出比较好的作品，就大捧特捧，称之为天才和新秀。这些作家往往被冲昏头脑，自鸣得意，以后倒写不出好作品来了。先生的话不是无的放矢，值得深思。希望你们遇到打杀的批评家，不要垂头丧气；遇到捧杀的批评家，不要趾高气扬。

谢谢诸位！

1992 年 4 月 21 日

我怎样同时光老人打交道

人的生命在母胎里一开始，就要同时光老人打交道，所以人的一生，就是这种贯彻始终的友谊的历史。我就从这个角度，简单谈谈一生的经历吧。

人的记忆，大体从三四岁时开始。我能回忆的最初事件，是看见院内摆着的准备焚化的纸糊轿马，知道长堂兄病故了，其次是在祖母弥留之际，院内点燃着两盏引魂灯，我仿佛看到祖母拄着杖，缓缓向另一世界走去了。这时我才恍然知道，时光对于人总有终点的时候，并没有什么恐怖，对于祖母，也只有作为儿童的怀念罢了。

在上小学的时期，三堂兄和几个同学时常在一起玩并谈笑。一次一个人说，长大了，要到天边玩玩去。三堂兄问他天边有多远哪，他说很远很远。三堂兄再问，天边以外有什么？他说是一片黑暗呗。三堂兄又问，黑暗以外还有什么？他就瞠目结舌无言以对了。

一次我们谈到开天辟地，女娲氏炼石补天的神话，我的三堂兄又提出问题来了：开天辟地老早以前，是啥样子呀？这以前有多少年月呢？大家自然无法回答他的问题，也就不了了之啦。

小学儿童竟提出了时间和空间无限的大问题，似乎令人难以相信，但他的确提出了这样的问题，我至今记忆犹新。

长堂兄和祖母的死，使我对时光老人有了初步明确的认识；三堂兄的问题却又把我引进神话莫测的境地了。大概在小学后期，教师对我们进行了爱惜时光的教育，告诉我们："一寸光阴一寸金，寸金难买寸光阴。""莫等闲白了少年头，空悲切！"我才初步了解，时光老人是我终生的伴侣，要学着怎样同他打交道。

在私塾里，我就读过《金缕曲》："劝君莫惜金缕衣，劝君惜取少年时。有花堪折直须折，莫待无花空折枝。"塾师董卓堂和父亲总教导我要惜少年时，不要爱金缕衣，也就是世俗的物质享受。好花自然也不指这些，而是世间真善美的一切。他们的教导，我至今欣感。

在童年，我虽很少生病，身体却很弱。父母关心我的健康，给我吃过不少鸡蛋猪脑汤，牛骨髓油，还喝过人奶，我也认真上学校的体育课，课外也参加球戏，但没有效果。

考入阜阳第三师范时，我的体质并无改进，有一学期护理两个生病的同乡，几乎把我累垮了，但却没有病。体育老师王益恭对我很关怀，常常给我讲讲生理卫生常识。但他最使我感念的，是他坚持体育活动。他对一切体育技术都十分精通，特别精于各种球技，每次都亲自到场指导，人也和蔼可亲，很得学生的敬爱。两年的课外体育活动使我身心得到的益处，我终生难忘。前些天我对一位朋友说，现在常听到人大谈教育改革，未见实效，若硬性规定中小学必须坚持课后安排一小时体育活动，就可以立竿见影，使教育改革有个很好的开端。也许有人认为这是海外奇谈，可我并不是在说笑话。

1923 年秋，我转到北京崇实中学读书。那时候虽盛传韦丛芜和我是出席全国运动会的网球选手，我其实只有两把球拍，二三十分的技术水平。我们虽然照例上体操课，他已经有结核病的征兆，一位大夫说我脸色还不如他，恐怕活不到四十岁。那时我才二十岁，觉得同时光老人已经打过很长的交道，还可以和平共处，听到这个预言，也没有什么惊恐的感觉。

1925 年秋，我到燕京大学读书了，大概是从莎士比亚的戏本里，偷窥到了时光老人的形象——一个把一切塞进自己背囊的小偷！这可引起我“小心扒手”的警惕了。当时韦丛芜已因肺结核吐血，只有我还肯和他同住一间卧室。那时候都相信只有晒太阳和吸新鲜空气可以治疗，他坚持严冬也要开着窗睡，我也只好奉陪，整夜呼吸北京的冷空气，冷风拂面，也不把头缩进被里。说起来也奇怪，我们没患一次感冒，大夫却批评我们冒肺炎的危险，太没有科学常识了。我们只笑笑，没有答什么话。这时我略有领悟：对待时光老人，三十六着，“顶”为上策。但怎样顶法，燕大并无此项选课，我也无心作专门的研究。

1926 年 12 月，素园患肺结核大吐血病倒。一位德国大夫说，生命是无望的了。托人把他送进法国医院，经过一位法国大夫治疗和自己休养，以后又转到协和医院，以加强营养和卧床静养为主，一共经过了约三年时间，我们才送他到西山疗养院休养，于 1932 年 8 月去世。

素园病倒后，未名社的事只好由我接办了，第二年我从燕大休了学，以后未再回去。时光老人的狰狞面孔对朋友的凝视，也有几件不愉快的事压在心头，对我来说，这几年是艰苦的岁月。幸而时光老人对我很客气，没有用任何疾病折磨我。

1930 年秋，我到天津河北女子师范学院教书，我才二十六岁，离那位大夫预言的死期还有一段时间，但我想如何同时光老人打交道的问题，应当认真考虑一下了。虽然我听从一位同事的劝告，开始喝牛奶，听了一位学生的劝告，开始吃水果，但从面色和体态看，我都远远达不到健康的水平。读了一篇论散步的文章，给了我很大启发。作者说，他感到身心略有不适的时候，就请两位大夫给他治疗——他的左腿和右腿。在它们为他服务三小时之后，他在道旁小旅店一张桌旁坐下休息，喝杯咖啡，读一章心爱的书，身心便感到无比的舒畅。若抓住野草或树枝，爬上小小的土坡，闻着大地的泥土味，那亲切感使他终生难忘！

我想散步是容易学习的，立即实行。从女师院徒步走到北宁公园，在园内绕一圈回到学校，整一个小时，对我十分合适。回来后洗洗脸，略坐一会，喝两杯清茶，晚餐时稍休息一下，像上课一样，每工作五十分钟后休息十分钟，这样一连翻译读书7小时，还觉得轻松愉快。除了改变工作地点等势必短期改变生活方式外，这样散步的习惯，我一直坚持了近六十年，这对保持身体健康是大有好处的。

以后一个青年朋友教我划船，但为珍惜时间，只偶一为之。在不同时期，在北海、陶然亭和玄武湖，都同友人划过船，觉得是一种很令人愉快的运动，若能"偷得浮生半日闲"，我还希望能同知己的朋友一同划船谈谈天。

抗日战争爆发，平津沦陷后，我留在天津，续译《战争与和平》，午睡后，陪妻散步一小时，偶然折几枝小玫瑰，作瓶插，有时停在路旁，听一段无名的音乐家弹奏钢琴乐曲或拉小提琴。我们还笑谈到吉辛（G. Gissing）在《四季随笔》中感谢无名音乐家的文字。这些都是散步中无意的收获，所以散步并不像有些人所想象的那样单调。

1938年秋，我去北平辅仁大学任教，家离北海公园很近，每天午睡后，我去登白塔，绕园走一周，回到家也正是一小时。有了孩子后，妻同我用小车推孩子同去；他们在湖边休息时，我还绕湖散散步，每天按时如此。多年后我们得知：我逃出北平后，跟踪我的日本特务三天后才发现我跑了，因为他们还照日常的情形向日寇宪兵队写报告！

这时除教书外，我还续译《战争与和平》，工作较重，我想应当加强锻炼。在严冬晚10点后，到大院里散步二十分钟，全身凉透，回房洗漱，睡得又香又甜，几年中我只患了一次轻微感冒。

逃出北平后，我先到北碚复旦大学教书，不久发现嘉陵江岸有一条宜于散步的沙土小径，我很高兴，很快就恢复了午睡后散步一小时的习惯。在平津这样大城市，有公园作活动的地方，所以我不像哈德生（H. W. Hudson）那样，对城市深恶痛绝，却较能欣赏兰姆（C. Lamb）在伦敦的闹街信步，而能雍容自如。但从我自己的经验看，散步还是在郊外好，因为可以有意外的美好收获。我记得在嘉陵江岸散步时，曾就所见所感，口占一首绝句：

曾记温泉晚渡头，
斜阳帆影恋碧流。
今朝白鹤腾空内，
不负此番万里游。

斜阳帆影，白鹤腾空，在城市里是看不到的嘛。一位朋友读诗后从城市匆匆回到乡间，想来不是偶然的了。

在北碚不到一年，我转到白沙女子师范学院任教。若要散步，只有爬石铺的山坡，一上来很吃力，以后惯了，觉得比走平路还有趣，有时一走三个小时。记得也写过几首绝句，都是实际经验的记录，其中有：

山回路转白云梯，
翠竹枝头一鸟啼。
羽睐斜阳歌宛转，
倩音似叹行人稀。

更值得珍惜的是我深深体会到了“落花寂寂”“鸟鸣山更幽”是怎样的诗的境界！

当然，在人的一生中，要多方面地同时光老人打交道，方法千差万别。编辑同志约我写稿的时候，似乎要向我探索长寿秘诀，所以我写写坚持了几十年的散步，作为逃避被时光老人装入背囊的方法，奉献给大家。不过，我的生活无论怎样贫乏，一生总还不能只专散步一科。在偷窃到时光老人的形象之后，一位青年朋友写信给我，叹韶光似水，青春易逝，我用一首绝句劝她：

狡猾时光一小偷，
背囊无底日搜求。
春花秋月争先享，
剩滓残渣为彼留。

自然，我这里所说的春花秋月，只代表世间真善美的事物。

另一位感到老之已至的朋友给我写信诉苦，叹往事如烟，一去不返。我也赠一首绝句劝慰她：

往事如烟去不还，
追思回味一番番。
时光老贼蹙眉叹：
生命循环态万千。

希腊的哲人说，人不可能在同一川流中沐浴两次，固然是对的，但回思愉快的往事，往往也可得到在同一川流中再沐浴一次的欢乐，这大概是人人都有的经验。

同时光老人打交道，实际就是如何对待人生的问题，我拉杂写的这点意见，十分浅薄。关于这个问题，我最后提出一个英国诗人和一位英国哲学家的态度，供大家参考。

诗人兰多（Savage Landor）写过这样几行诗：

我在生命的火前
温暖我的双手！
一旦生命的火消沉，
我愿悄然长逝。

哲学家罗素（Bertrand Russell）在一篇散文中说："使你兴趣逐渐更为广阔，更不受个人感情的影响，直到'自我'这堵墙一点一点后退，你的生活越来越消失在宇宙的生命之中，人的个人生存应当像一条河，起始很小，窄窄地夹在两岸之间，猛冲过岩石和瀑布，渐渐地河变宽了，岸向后退，水流得更为安静，最后见不到任何破绽，河水消失在海洋里了，并无痛苦地失去自己的存在。”

1991 年 8 月 8 日